在書與非書之間，我們閱讀

外國文學
Proulx
ANNIE PROULX

The Lounge

香港作家十人。
閱讀
作家身影
系列導讀。
倪匡
崑南
西西
蔡炎培
董啟章
photographs

文學，
為這座城市引路——
劉以鬯
董橋
李碧華

slite 誠品

格麗特
布爾加科夫 著
2002
MICHEL TOURNIER
NO LOGO
NAOMI KLEIN
楊絳 著
時報文化 出版
2003 代表書
寵兒
娜嘉
安德烈・布賀東
美麗失敗者
2004
旁觀他人之痛苦
蘇珊・桑塔格 著
陳耀成 譯
麥田 出版
2004 代表書
百年愚行
陌生語言的樂音
末世男女
重讀石頭記
2005
一次：影像和故事
文・溫德斯 著
2005 代表書
慢活
2006
蘋果橘子經濟學
李維特／杜伯納 著
2006
認得幾個字
2007
2008
西夏旅館
家變六講：寫作過程回顧
2009
2010
手帖：南朝歲月
2011
自由
誠品風格文具
4 乐活健康
3 人文视野
2 创意设计
1 风格美学
B1 潮流生活
B2 停车场 Parking Lot

Love Song

# 誠品時光

林靜宜——著

古今中外的任何生命，
一生中都會遭遇不同的橫逆。
如果回到哲學的起源，
其實是探索人存在的本質。
——吳清友

Contents

## 第三部 2011-2017 誠品的場所精神

# 序　誠品一萬天

吳清友

一九八八年，我深覺自己的渺小，生命的無常，想追尋一處能讓身心安頓、心靈停泊之所在，將活了三十八年的生命歸零，創辦誠品，人生重新啟程。當年的我實在沒多想，心念也很單純，就是一個自覺生命因閱讀而不再失落的個體，想要窮盡己力，為生長的這塊土地播下人文、藝術、創意融入生活的種子。如今我與誠品團隊一路走著，即將接近三十年。

記憶的足音響起，我想起生命、想起愛，浮現時光洪流中的人事物，感念時代，感觸一切……，家中大窗前的紗帽山、星空、雲朵依舊，但心境卻已大不相同！人生的多半時刻，我雖不愁苦，亦難感受喜悅。在挫折與煎熬之間磨練自己，經營誠品，我無法預知未來，但戰戰兢兢走在這條探索生命的道路上，忠實依著自己靈魂深處的悸動，摸索前進。

人們都說我承受誠品賠錢十五年的重擔，但於我而言，既然下定了決心，就應誠懇面對自己的信念，就算在最艱苦時，也不輕言放棄。只是明白了自身的不自量力與無可救藥的樂觀，仍願意迎向諸多困境與挑戰，希望能把負面扭轉成正面。

我是幸運的！因誠品充實了生命，過程中，有浪漫、有現實、有美好、也有苦澀、有天真，但也帶來覺知的驚喜……。

我對生命的傾訴，有幸引起共鳴，誠品成為社會集體創作。誠品假使有任何的精采，那完全因為是讀者與城市文化的共同造就。今日的誠品也從台灣的城市到了香港及大陸，一九八八年的個人想願，在一萬多天之後，誠品因著土地滋養、當地文化、眾人祝願，持續走在「人文、藝術、創意、生活」多元面向的探索之路上。

我也逐漸理解了上天給我這個創辦誠品的好因緣，是要我珍惜生命的每一種時刻。原來，人世間的喜樂是存於人跟土地的情感之間、人與人的誠心之間，以及人與自我的信念之間。一萬多天後的我，在心靈深處體會、感受著靜謐的喜悅。

從誠品的第一天開始，我相信善，生命的真正所得是付出，就如大地的滋養是珍貴的、果實的奉獻是甜美的；我也相信愛，生命的本質是愛，愛是人類生命之中積極主動的正向力量；我相信美，心誠最美，每個生命與存在的事物皆擁有它們獨特的美麗；我更相信，人間因有大愛，天下才有大美，如哲人所言，如果我們都能疼惜腳下的風土，這個世界就沒有文化貧瘠與心靈荒蕪之處。

在《誠品時光》與讀者相見的此刻，感謝光明的火光，更感謝為誠品點燈的貴人、同事、家人、朋友，以及每一位來到誠品的讀者。聚光燈雖然看似僅閃耀在少數人身上，然而，是無數無數努力不懈、辛勤耕耘的執燈人們，在暗處默默支持，有如繁星點點，照亮了我們的道路。我點滴在心，萬分感念！

（本文作者為誠品創辦人）

# 第一部

1988-2000

# 在追尋與探索之間

經營誠品，其實是經營一個心念，是一場探索之旅。——吳清友

# 01 中年的追尋

## 我存在的意義

一九八八年二月，倫敦低溫，少雨。

吃過早餐後，吳清友從海德公園旁的飯店出發，朝著聚集多家知名畫廊的梅費爾區（Mayfair）皇家藝術學院方向走去，冷冽空氣擋不住他輕快的腳步。

幾年前，他常去香港出差，有機會看到英國雕塑家亨利．摩爾（Henry Moore，一八九八－一九八六）在香港的特展。他被簡潔包容的線條，能與環境對話的雕塑意境所吸引。回台後，買了相關書籍研究這位被譽為二次大戰後最偉大的雕塑家。這回，趁著出差英國的機會，打算買回兩件心儀已久的亨利．摩爾中型作品。

轉阿爾伯馬爾街（Albemarle Street）後，他在倫敦最富盛名的馬博羅（Marlborough）畫廊前停下，卻發現大門深鎖。如果就這樣打道回府，他就不會是日後那位走過誠品賠錢十五年，在挫折與煎熬之間仍勇往向前的吳清友了。

吳清友心想，說不定店裡有人在，於是敲敲大門。等了兩、三分鐘，門內無動靜。思索數秒，他決定再試試，敲了第二次門。這回，大門不再沈默，開了個三十度縫隙。門後是一位老太太，她打量這位沒有預約的不速之客，開口問：「你是日本人嗎？」

吳清友搖頭，回答不是。

老太太又問：「那你是韓國人嗎？」

吳清友再搖頭，回答：「我來自台灣。」老太太一聽，閃過一絲不以為然，神情雖然細微，敏感的他還是捕捉到了。

為了使老太太明白來意，他主動自我介紹。老太太知道此人不是過路客，且對亨利・摩爾有一定了解，請他明日再來。隔天，吳清友依約前來，老太太盡心款待，開庫房讓吳清友參觀，還幫他跟最喜歡的雕塑作品合照。

生命很奇妙，有些連自己都不知道的想法，得在合適的情境因緣下，才會顯現。從畫廊走回飯店的路上，吳清友察覺自己的心情，竟夾雜著異樣的失落。

這種感覺也曾出現在他二十五歲到美國出差時。那是一九七五年，他人生第一次踏上美國土地。十七天商務考察之旅，他走過夏威夷、洛杉磯、舊金山、丹佛、達拉斯、芝加哥、紐約七座城市，著實大開了眼界。但在首站夏威夷，發生了令他終生難忘的「邂逅」。

吳清友走進下榻的威基基海灘喜來登飯店，隨即感受到身上的西裝與渡假島嶼氛圍格格不入。進入房間後，他換上休閒衫，及一條三哥吳清河送的淺藍色免皺泡泡褲，下樓隨意探訪周邊環境。

置身輕鬆閒逸的夏威夷，他心情愉悅的哼起歌來。忽然，眼角餘光瞥見飯店大廳

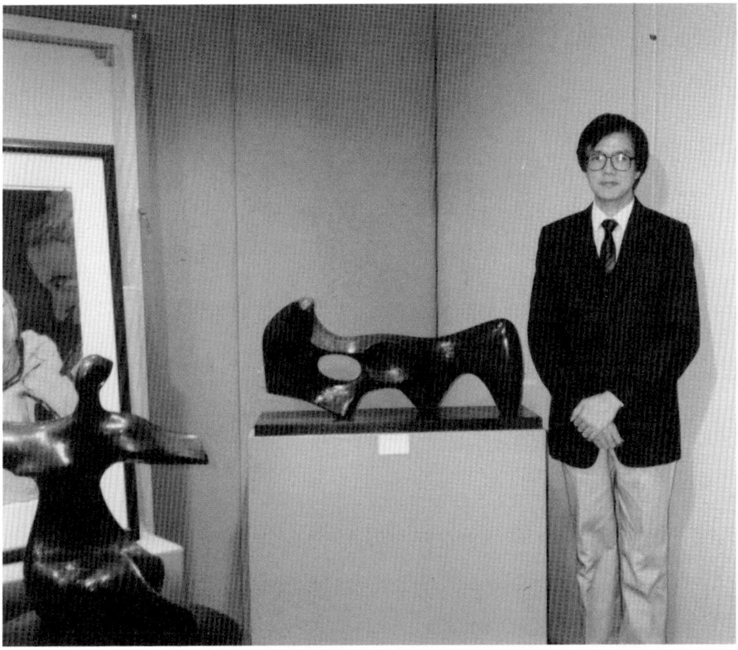

的商場櫥窗裡，有一抹似曾相識的淺藍。定睛一看，櫥窗裡展示的淺藍泡泡褲不正是自己身上穿著的這件嗎？他特別走進店內確認，發現真的是同一件褲子！心裡直呼太巧了！

吊牌上的售價是四十四美元！好奇心使然，他打電話給在成衣廠工作的三哥，詢問褲子的出口價。三哥告訴他，一件四塊二美元。人在異鄉的吳清友，剎那間感受到一股為家鄉大抱不平的失落。

回憶重疊著昨日老太太的問話，吳清友覺得自己應該為家鄉做點什麼，他產生了一個從未有過的想法：「如果我拿這三十五萬英鎊[註1]開一家畫廊，就算沒賣出任何作品，也能撐個四年。一個月一檔，共四十八檔，至少可以讓一百位創作者有展出的舞台……。」

吳清友喜愛藝術，認識不少藝術家與學者，也收藏欣賞的藝術家作品。熟識的藝壇前輩與學者常定期到家裡聚會，談天論地，一聊就到深夜。他深知，台灣藝術家要走上國際有多不容易。

他不怪老太太的刻板印象，反而讓活了三十八年的自己有小小的感悟：「我們活了一輩子，真正了解自己多少？又有多少因緣曾經錯過，或者不曾有過，而失去了解自己的機會？」

當天晚上，他打電話跟太太說，決定不買作品了，想把錢轉換成開畫廊的資金，讓更多的華人藝術家能被看見。

## 草地囝仔的人文藝術書店夢

其實，吳清友早在三十五歲就有個想開一家人文藝術書店的夢想，醞釀的源頭是他想探索自己存在的意義。

當時的吳清友，已是從貧窮的「草地囝仔」到事業小有成績的老闆了。

吳清友出生於一九五〇年，是台灣人均GDP不到一百六十美元，人人得胼手胝足的時代。他的家鄉是台南縣將軍鄉最西邊的馬沙溝漁村。村民多以魚塭養殖

**註1**
當年準備了三十五萬英鎊想購買雕塑作品，當時英鎊對新台幣匯率為一比五十。

為生，臨海鹽分重，田地非良田，海風整日呼呼的響，農穫量少，若遇上海水倒灌、天災，全年的辛勤轉眼化為烏有。

台北工專機械科畢業後，吳清友做過半年的老師，由於想幫忙改善家計，後來選擇到飯店餐廚設備公司當業務員。他為人重情義，又夠勤奮，常鑽研專業知識到半夜。做的雖是業務員，卻把老闆與客戶的公司當成是自己的事業來思考規劃，備受客戶讚譽與信任，不少老客戶跟他成為好友。因而當老闆決定去大陸做生意時，心中首選由他接下公司，並用了較為優惠的價格，把公司轉給他。那是世界第二次石油危機剛落幕，台灣正啟動十二項建設期間，要由加工出口業轉型為高科技產業的八〇年代。

那年，吳清友三十一歲，把公司更名為「誠建」。公司有不錯的基礎，加上吳清友很早就有品牌服務的概念，「誠建」的價格雖然比別人貴，但設備與服務均是最佳價值之選，許多知名飯店與連鎖餐飲品牌還是選擇與「誠建」合作，「誠建」也成為當時的行業龍頭，市占率超過八成。

老天像是要一次給足吳清友豐盛的財富，經營的公司持續成長，私人投資的不動產獲利亦超乎預期。不知是眼光精準，還是著實運氣好，短短三、四年間，碰上台灣房地產大漲，他手頭上那些土地、房子翻漲好幾倍。三十五歲時，用吳清友自己的話形容：「上天給了想都不敢想的財富。」

當年，為了讓家鄉的父親放心這位徬徨少年時不學好，曾被下最後通牒，欲斷絕父子關係的老五[註2]，吳清友北上工作，認真打拚，短時間內蓄積了大量的財富，當時他曾粗估身家資產，竟有超過十億之多。

對比二十初頭兩手空空，老闆讓他暫住公司，等領了薪水，再與朋友共同租屋；到有能力買下第一間房、第二間房；有餘力買下第一個藝術品、第一幅畫作……，吳清友並未歡天喜地，反而開始自問，為什麼幸運的人會是自己？生命是什麼？自己為何而存在？

「蒙幸運之神眷顧，無意中因購買地產而賺了許多錢財，來台北後，做到世俗所謂的五子登科，我還要拚搏什麼？未來方向在哪裡？我應該要何去何從？」他隱約自覺人生正處於所謂的中年危機。

**註 2**
吳清友有九位手足，他排行第五，上有大姐與三位哥哥，下有三位妹妹和小弟。

為了追尋答案，潛意識裡，他以書為師，接觸哲學、心理學、宗教思想的相關書籍，閱讀史懷哲、弘一大師、赫曼．赫塞的著作。吳清友非常著迷這三人字裡行間的人文情懷，不時從書架拿下來再三品味。

在吳清友看來，這三人都活出生命極致的壯闊風景。

史懷哲（一八七五－一九六五）與弘一大師（一八八〇－一九四二）年少時，已於藝術、文學、音樂、教育享有盛名，卻不約而同放棄名利成就，於中年展開奉獻世界的旅程。吳清友崇敬這兩位東西方哲人親身實踐為天下蒼生而活的志業。

史懷哲擁有神學、音樂、哲學博士，是牧師，也是極具天賦的音樂家。他立志以牧師與醫生身分到非洲關懷生命，在三十歲進入醫學院，從頭學習，花了七年取得醫學博士。三十八歲遠赴蠻荒赤道的加彭蘭巴雷內（Lambaréné）蓋醫院、行醫，過著非洲行醫、歐洲舉辦募款演講與音樂會的奔走人生。

弘一大師本名李叔同[註3]，原是精通詩詞、書法、繪畫、音樂、戲劇、文學的藝術家與教師，有「二十文章驚海內」的美譽，開創大陸的裸體寫生教學法，也是

註 3
李叔同的書法樸拙圓滿，渾若天成，帶領中國書法藝術進入新的境界，魯迅等文化名人均把其字視若至寶。其最有名的音樂作品是改編美國作曲家約翰．龐德．奧德威作品、由他作詞的《送別》，每年畢業季，學子便會吟唱的「長亭外，古道邊，芳草碧連天……」。

將西方藝術、音樂帶入大陸的先行者。三十九歲時決心投入佛法，將所積藝術珍品、飾物、金錢、詩詞畫作等身外之物全數分送家人與學生，到杭州虎跑寺出家，孑然一身修行，弘法傳世。

詩人、作家赫曼．赫塞（一八七七－一九六二）是吳清友經營書店的啟發者。

赫曼．赫塞四十歲看透感官幻象，決心追求更純然的靈性隱士生命，搬到湖岸小村居住。透過洞察自然萬物，他的作品裡內蘊哲學式的寧靜內省、和平與人道思想，其悠遠、善美的意境療癒了經歷兩次世界大戰的憂傷人心。他在《輕微的喜悅》有段觸動吳清友的文字：「在那些不屬於自然的贈與，卻是人類自己的心靈創造出來的許多世界中，書的世界是最偉大的一個。」

吳清友深深認同赫曼．赫塞的觀點，自覺生命因閱讀獲益。書，是人類通往精神世界的天梯。

他常跟太太感嘆：「一位作者可能集一生智慧與生命精華，才有了一本作品。當看一本書時，其實是看到一個生命的精采，跟作者的全神投入與奉獻。一本幾百元的書，作者可能收益有限，但書裡的精神與生命經驗卻能引起許多人的共鳴。如果一間理容院、ＫＴＶ都可以花幾千萬元裝修，難道讀者與書店的空間不應該受到用心的對待嗎？」

從小他就對空間氛圍很敏感，心情與心境常產生共振效應。在他的想像中，人會被空間的靈魂、空間的氣質、空間的表情所觸動。所以他希望打造一個能夠讓人從容與書相遇的閱讀場域，除了書店之外，還要包括咖啡館、花店、藝術、設計名品、音樂等多元的空間。

年輕時，他最喜歡的地方是佛寺，不但主動親近，還會去小住幾天。佛寺的空靈氣場，帶給他無量無邊的寧靜感受，「我體會到，人的心境，竟然與空間存在著神祕的對應關係。我開始喜歡建築、接觸建築，探索空間的神祕性。」

他不僅喜歡建築，也廣泛研讀。第一本建築啟蒙書是在香港尖沙咀一間建築藝術專賣書店買的 *ARCHITECTURE AND YOU*，辦公室與家中各有整櫃的建築書籍與專業雜誌。也因是建築愛好者，早年結識多位建築師，如：素有建築詩人之稱的華人建築巨擘王大閎、當代華人建築大師姚仁喜，以及陳昭武、簡學義等，每每相談甚歡，不時往來交流。

## 書店與畫廊的人文場所

從倫敦回來，吳清友愈想愈覺得書店與畫廊是氣質相近的人文場所，於是，開始尋覓可租用的空間，並物色專業人才。這天，他去寶慶路的永漢畫廊找趙琍。

趙琍很早就認識吳清友了。她的第一份工作是漢光出版社多媒體部門，誠建那時委託漢光製作企業簡介。她是出名精準的文案寫手，但與吳清友合作，卻讓她經歷一篇文章寫了兩個月的「難產」。

「中秋節那天，我在家寫文案，為了捕捉吳先生要的感覺，寫到胃痛。想到要交稿，都覺得天要掉下來了！」當年的吳清友管理嚴格，誠建被訓練為魔鬼隊伍，趙琍訪談所有高階主管，還有人當著她的面喊「必勝」！

她印象深刻的是，誠建雖然是餐廚設備銷售公司，卻極有文氣。辦公室位於地下一樓，階梯轉角處是一片竹林造景，地板是山毛櫸木，接待處是大理石檯面，入口便可見藝術畫作與雕塑品，員工廁所像五星級飯店一樣。

因為這次的合作案，趙琍知道吳清友喜好藝術，也是位收藏家。轉往永漢畫廊任職後，定期寄送畫展邀請卡，因而吳清友有時會去畫廊看畫。

言談之間，吳清友跟她提起想開一家人文藝術書店的構想：「我覺得自己跟台灣社會都缺乏藝術、人文的精神，商人談生意就去酒店、飯店；一般人除了電影院、公園，好像沒有太多可去的地方。」他問趙琍有無認識的合適人選？趙琍建議吳清友找廖美立聊聊。

廖美立是當年台灣藝術界指標雄獅美術書店的店長，也負責國外美術書籍的採購。吳清友找廖美立深談幾次，誠懇邀請她加入。一九八八年七月，廖美立正式任職，以她在雄獅美術工作超過十年的藝術涵養，協助吳清友實現腦海裡的人文藝術書店。當時「誠品書店籌備處」的臨時辦公室，就設在「誠建」的一間會議室裡。

然而，就在籌備書店與畫廊期間，同年十一月，一場大病向吳清友襲來，不但讓他經歷生死邊緣，這個疾病還自此常伴一生。

02

# 活著

## 上天給了一帖藥

十一月，台北仍有暖陽。

美好的週末上午，陽光透窗爬進吳家的原木地板。為了一覽紗帽山，向陽大窗捨去阻隔的窗簾，隨時歡迎自然光降臨。插好早上買回來的花，吳清友的太太洪肅賢看了時鐘，已過九點，納悶先生怎麼還沒起床。昨晚臨睡前，他還提醒她今天要一起去石門水庫參加公司慶功宴。

洪肅賢心想，「先去叫他起床好了！」一進房間，見吳清友還躺在床上，直覺不對勁，急忙趨前。

這一看，她驚呼：「你的臉色怎麼這麼慘白？」

「阿洪……可以幫我穿襪子嗎？」吳清友皺著眉頭，吃力的擠出這幾個字，神情難掩痛楚。

她當機立斷，對先生說：「走！我們去醫院。」語畢，一面幫先生拿襪子，一面打電話給誠建同事，告訴他們臨時有事，不能去慶功宴了。

司機從陽明山住家飛車到仁愛路的國泰醫院，只花了短短半小時。出門時，吳清友還能忍痛緩步上車，到醫院門口，人已虛弱到無法走路。洪肅賢向醫院借了輪椅，快速推著先生進急診室。

做完檢查後，值班醫師面色凝重。吳清友確診為馬凡氏症候群[註1]，因為主動脈的結締組織鬆脫，造成部分血液回流心臟，心臟過度負荷而擴大，如果不進行人工瓣膜與人工血管的手術，性命難保。事實上，吳清友的身高是全家族的「異類」，高達一百八十八公分，兩手張開的距離比身高還高，大拇指也特別長，是馬凡氏症候群的典型特徵。

**註 1**
馬凡氏症候群（Marfan syndrome），又稱先天性麻煩症候群。

醫師告訴洪肅賢：「我們會先送他進ＩＣＵ（加護病房），把握時間，該問的趕快問，看先生有什麼要交代的。」醫師的言下之意，是要她做好可能辦後事的準備。

短短一天，人生場景就從幸福盛夏，轉進寒冬黑幕。

「我還可以找誰？這可是攸關生死的大手術啊！」她想起台灣心臟外科權威洪啟仁醫師[註2]，趕緊跟好友要了電話，打給這位長輩。洪啟仁人很好，答應她來國泰醫院看看吳清友。

當天下午，洪啟仁就到醫院，也聽了國泰醫師的檢查結果，判斷吳清友是先天性患者，還能撐過週末。因心臟手術是大刀，建議先用藥物控制病情，等星期一醫院開刀團隊人手充足，再進開刀房。

洪啟仁是吳家的貴人，吳清友在二〇〇一、二〇〇六年再度遇上兩個生死大關，這位名醫同樣扮演著重要決策角色。

**註** 2
洪啟仁（一九三〇－二〇一六），台灣心臟外科先行者及權威，創下多項心臟手術台灣首例，是台大醫院心臟外科的奠基者，新光醫院創院暨榮譽院長，帶領台灣心臟外科進入穩定發展階段，培育出許多優秀後輩。關於他的一生，可見《台灣心臟外科第一人》一書。

手術前，剛好有位紐約大學心臟權威教授來台，與台大醫院、國泰醫院交流心臟手術，共同舉辦住院醫師的教學活動，需要一個示範病人，主治醫師徵詢吳清友的意願。吳清友心想，這有可能是自己為他人做的最後一次貢獻，便一口答應，也同意心臟手術的過程被拍攝為教學影片。院方安排他先做臨床教學的示範病人，十一月二十八日再進入開刀房。

十一月二十三日，吳清友穿著單薄的手術衣，坐在輪椅上，從加護病房被推到醫院的教學課堂。當他被移躺到冷冰冰的教學台上，一陣寒意迅速透膚，不自覺起了雞皮疙瘩。十位受訓的住院醫師圍著他，輪流觀察與問診，有些比較粗心，沒先用手暖熱，就把冰涼的聽診器直接往他的胸膛一放，來回移動，凍得他直打哆嗦。吳清友忍著沒出聲，當個「稱職」的示範病人，想像自己對醫療的傳承能有一點小小幫助。

日後他經營誠品，特別重視服務要有優雅、人文的款待，因為書店與醫院之於他，都是生命的道場。

## 生死關接連而來

開刀前一晚，吳清友百感交集，輾轉難眠，也不知道自己到底嘆了第幾次氣了！今天過後生死難料，他思索著要不要寫遺囑，但又覺得家人心情已經愁雲慘霧了，何必再多加這一朵「烏雲」？

他心想，若真是壞的結果，留下的身家足以讓父母、太太與一雙兒女生活無憂，何況，虔誠佛教徒的太太也請了遠在印度的上師卡盧仁波切幫自己祈福[註3]。吳清友安慰自己：「就算手術成功率只有百分之十，我也算是個好人，應該還有些機會。阿Q一點，明天再說了！」

十一月二十八日，週一，前途未卜的手術日。

幫吳清友執刀的主治醫師是洪啟仁高徒林永明。提心吊膽的大手術，過程比預期順利。沒想到，死神在傷口完成縫合之後，竟然連連出手，直擊要害。

移除開心手術使用的葉克膜體外維生系統時，吳清友的心臟一度停止跳動。低溫的開刀房裡，醫療團隊忙出一身汗，靠著強心劑、心臟按摩、電擊，才讓他遠離瀕死邊緣，得以送至恢復室觀察。

恢復室內，死神並未走遠。

術後的吳清友，遲遲無法止血，醫療團隊緊急聚集，尋找對策。麻醉漸漸消退，吳清友感覺自己做了一個好長的夢，模模糊糊聽見好幾個腳步聲在寧靜的空間裡進進出出。

「要不要 reopen，看看是什麼狀況？」有人提議。

「不用 reopen，手術很成功，沒有問題的！」應該是林永明的聲音，音調聽起來信心十足。

醫療團隊討論後，決定為吳清友注射血小板，試試能否止血。血小板需由新鮮血液提煉，偏偏吳清友的血型是少見的 Rh 陰性，血庫裡沒有，吳清友的狀況也無法等待太久，否則將陷入失血危險。

**註** 3

卡盧仁波切一世（一九〇五－一九八九）跟吳家的因緣極深，他最後一次來台灣弘法時，住在吳家，離台前主動跟洪肅賢提點：「吳先生是位好人，若他將來發生事情，一定要打電話通知我。」當時，洪肅賢跟三哥吳清河提到這件事。吳清河趕到國泰醫院後，突然想起，提醒洪肅賢趕快聯絡卡盧仁波切。說來巧合，當時卡盧仁波切正在印度菩提迦耶舉行普賢行願大法會，一接獲消息，立即帶著全場近千名喇嘛為吳清友隔天的手術修長壽法，祈求平安。

上哪去找這種稀有血液的捐血者？一九八八年，社群媒體 Facebook 創辦人馬克．祖克柏也才四歲。

對吳家人來說，開刀前後都是難關，當時動員了家人、朋友廣尋相同血型的人。時間緊迫，有位「誠建」員工聯絡軍營的朋友帶著一整輛卡車的阿兵哥前來醫院檢驗，但無人符合捐血資格。

病床上的吳清友因失血，生命力隨時間消逝，愈來愈虛弱。

幾位獲知消息的親近員工，向全體同事發出需要捐血者的訊息，自覺有可能性的人快速趕往醫院受檢，大家心急如焚等待能否傳出好消息……。檢查結果出爐，終於有一人符合！

那人是跟了吳清友多年的林姓司機。在前前後後一堆受檢者之中，只有他符合捐血條件，瞬間解除了缺血危機。吳清友二十九歲就請了司機，原因是太太曾請人幫先生算命，指點吳清友因時常處於思考狀態，不宜自己開車。沒想到，救命的捐血者竟然就是天天在身邊朝夕相處的司機同事，彷彿上天早有安排的貴人。

像橙汁般的血小板注射進去後，開始發揮作用，平穩止住大手術後的失血。吳清友終於脫離險境，轉到普通病房[註4]。

冬天是心臟病的旺季，國泰醫院心臟科只剩三人病房，他的隔壁床是一名等待開刀的孩童。夜裡，傳來孩童母親微小的啜泣聲，聽得出來怕吵醒同房的人而極力壓抑。吳清友想起白天這對夫妻煩惱手術費的對話，擔心他們還沒籌到手術費，人在病痛中特別能感同身受，隔天一早，他立刻捐了一百萬元給醫院，交由院方出面協助。

## 生之喜悅

十二月五日，同樣是週一，這天是生之喜悅。

出院返家，他坐在家中三樓，從大窗眺望紗帽山。同樣的景致，心境卻不同了。開心手術，像是檢視人生的開關，吳清友思索自己的生命。以前，理所當然認為明天能看見太陽、未來都能妥善規劃，經歷生死後才知，原來一個人活著，沒有

**註**4
本書醫療手術相關場景純屬個人回憶記述，不等同臨床細節。

所謂的「理所當然」。

他自省，像自己這麼固執的人，假使上天不給他一場大病，這輩子或許都無法覺察無常，說不定還有更多的自以為是，遮蓋心智而不自知。「大概是上天要我做一次生命的總檢討。我現在所擁有的、未來想追尋的，都是生命中最愛、最珍惜的嗎？」術後疼痛的傷口好似是來帶他穿透生命迷霧，窺見隱於浮雲後的繁星太空。

回想三十八年的人生，不敢想的財富，莫名得到了；不想要的疾病（先天性馬凡氏症候群），如影隨形。這一正一反的兩樣事物，讓他領略了過去幾年一直在尋找的存在意義。一種前所未有的清明油然而生。

大病之前，他以為自己是因為喜愛建築、藝術，所以想開一家人文藝術書店。亦無法說得明白，為何想像中的書店要有音樂、桌椅，人們可以自在進出，隨心情或站或坐，以最安適姿態閱讀；空間裡也要有畫廊、咖啡館、小商場。

大病之後，他益發覺得是上天要自己做些有意義的事，愈來愈透徹。自己想做的不只是一家書店，而是一處能讓身心安頓、心靈停泊的場所。書店、音樂、咖啡館、畫廊等場域，是為了創造優雅氛圍的元素，因為優雅，才有機會讓一個人的心靈感受到從容，進而享受被安頓的喜悅。

「史懷哲說過，每個想要活下去的生命，要與許多也想活下去的生命一起存活[註5]，我的生命應該也要如此效法。」他終於明白，未來想做的已經不單純只是發展新事業，而是分享一種人與生命、閱讀結合的價值觀。多年前，為了經營公司，吳清友讀了不少企管書籍，有一本中華企管出版《零基預算法實務》的觀點令他受用極深。他想，企業預算每年都可以歸零，生命不也應該如此嗎？「生命應該在事業之上，心念應該在能力之上，」他自我期許，不能因為病痛，改變創辦書店場所的心念。

不過，老天像是要驗證他的心念有多強烈，原本要投資的股東得知吳清友手術的消息後，突然反悔了。

他們對他說：「書店本來就不是獲利好的投資，當初我們是看好你的眼光與經營能力，現在你的健康出現問題，我們必須重新評估風險。很遺憾！我們不能投資

**註** 5

史懷哲的哲學觀是由全面洞察與面對事實開始，他的「自己與許多也想活下去的生命一起存活」代表尊重生命（reverence for life）的生命倫理。生命倫理是真實的對每個想活下去的生命，包含動植物，表示同樣尊敬，他認為，西方文明因逐漸放棄了肯定「生命」為倫理的基礎，所以腐化。然而，真正幸福的人，是那些已經開始尋求並知道如何服務他人的人，史懷哲堅持著尊重生命與付出的信念，實踐基督真理，把個人奉獻給世界，以一名牧師與醫師的身分，到非洲去關懷每個想活下去的生命個體。

你想做的書店事業。」

吳清友當然不會因為股東問題而打退堂鼓。他找三哥吳清河與大姐商量，兩人二話不說，支持弟弟的夢想，集資補上現金不足的部分。

他很清楚，這是生命歸零後的全新旅程，自己的心念也很單純，就是一個生命因閱讀而不再失落的個體，想要窮盡己力，為生長的這塊土地播下閱讀種子。至於未來走向何方，又能夠走多久，他沒有十足把握，亦沒有多想。

為了幫生病中的他打氣，一位哲學系碩士的員工，在卡片上寫了：「吳先生，上天因為要你服一帖藥，所以先讓你生一場病。」當年這句用來撫慰吳清友的話，如今看來，像是呼應命運的預言。

上天給的這一帖藥，其實是在引領吳清友追尋生命的本質，而這正是誠品的緣起——一位深覺生命渺小、無常的中年人，想追尋一處能讓身心安頓、心靈停泊之所在，人生重新啟程，創辦誠品。

也是在多年後，吳清友才逐漸理解，古今中外的任何生命一生中都會遭遇不同橫逆，如果回到哲學起源，都是探索人存在的本質，這也是一個人的生命之根。人往往把碰上的難關視為艱辛，如果能夠洞悉生命，會發現它可能是這一輩子的好因緣。吳清友的生命正因而轉變，誠品也由此誕生。

# 03 在經典裡獨創節奏

為了幫新事業命名，吳清友煞費苦心，請教不少人，包括德高望重的藝壇大師李德（一九二一－二〇一〇）。

李德建議：「不如就用你的名字吧！清友書店。」

吳清友連忙搖頭，表示不妥。

李德想了一下，又說：「那叫道友好了！」

李德是一位追求「道」之境界的藝術家，一生奉獻台灣畫壇教育，認為藝術家要有哲學家的頭腦、詩人的心、工人的手。他不僅教藝術創作，更與學生談文學、哲思。對於吳清友這位後輩，他是欣賞的，因而送給他「道」這一字。

吳清友認為自己離「求道」的境界還差得遠，大師的贈名自是不敢承受。

他思前想後好久，決定還是以「誠」字為首。「誠」，對吳清友有偌大意義，這是父親吳寅卯的家訓，他時常提醒每位孩子：「財物有時而盡，唯有誠字終生受用不盡。」這也是吳清友把第一家公司命名為「誠建」的原因。

那書店呢？第二個字應該是什麼？有天他福至心靈，想到人文、藝術都需要品味。「品」，也能象徵自己重視的——做事要有品質，為人要有品格。

「『品』作為第二個字應該不錯！」吳清友有個習慣，每日都會找空檔獨坐靜思、筆記與整理思緒。他寫下「誠」與「品」兩字，並定義：「誠，是一份誠懇的心意，一份執著的關懷；品，是一份專業的素養，一份嚴謹的選擇。」細細咀嚼，愈益覺得應該就是「誠品」。

當天回家，他興奮跟太太分享，平日對姓名學頗有研究的洪肅賢一聽，立刻幫忙算了筆畫，跟他說：「誠品，這個名字好！」書店與畫廊終於誕生了能代表創辦者心念的名字。

如果查詢誠品的英文名「eslite」，是找不到中文翻譯的。其實，它與英文的「elite」一樣，是「菁英」之意，當年因為英文已被註冊，一位員工急中生智，查閱《韋氏大辭典》，才找到古法文的菁英「éslite」。

「eslite」不但是誠品獨創的英文名，吳清友賦予的「菁英」定義也很不一樣。他認為，「菁英」這個名詞不該是社會階級，而是發揮每個人生命的精采。因而誠品談的「eslite」是屬於普羅大眾，指的是每個人獨具一格的潛能發揮：

「每個人的人生際遇、先後天的因緣都不一樣，但每個生命都有機會發現、尋找出生命裡獨具一格之所在，我把這稱作是每人生命中的『eslite』。這個發現可能是因為一本書、一句格言、一首歌曲，或是一幅畫作、一場展演，在某個時刻，打動了一個人，去啟動生命中的『eslite』之旅。一如我自己，從閱讀經典裡，尋到了存在的積極意義。」

吳清友父親吳寅卯墨寶。

## 仁愛圓環的閱讀殿堂

一九八九年三月十二日，吳清友醞釀四年的人文藝術書店之夢，經過近一年的緊鑼密鼓籌備，第一家「誠品」正式開幕。

她坐落在台北最富綠意氣息的仁愛圓環。書店位於地下一樓，推開厚實大門，迎來悠揚古典樂聲，拾著白色大理石階梯而下，書店挑高場域中央掛著大燈，柔和黃光映著沉穩的原木色調，書架上，建築、藝術、舞蹈、文學、音樂、戲劇、攝影……書籍井然有序排列。遠看，像是一格格美麗的畫框。

從一樓到二樓的空間裡，有 Tea House、花店、後院小花園，還引進當時少見的西方經典工藝品牌，如：皇室御用骨瓷的英國國寶級 Wedgwood（瑋緻活）、創立於十八世紀的愛爾蘭頂級水晶工藝 Waterford（沃特福德[註1]）、法國造幣局、大英博物館藝品、法國織品品牌 Manuel Canovas（曼紐爾・卡諾瓦斯）、以製鞋工藝聞名的義大利百年時尚品牌 Salvatore Ferragamo（薩瓦托・菲拉格慕）等。這些品牌的共通之處在於人文美學的文化底蘊。可以說，老敦南店一開始就是以「在書與非書之間」的空間原型呈現。

誠品畫廊的空間，原是大樓的地下游泳池，吳清友當時一見天光灑落水池，流光四溢，便決定租下。誠品畫廊於一九八九年五月二十日開幕，晚誠品書店兩個月。

充滿優雅文藝氛圍的「誠品」一開幕，便造成台北文化圈的轟動，文化人爭相走告：仁愛圓環有家誠品，用原木與大理石來裝潢，高雅有氣質，選書又專業，一定要去朝聖。

當人們驚訝於誠品書店創造出這個時代自成一格的文化氣場、人文涵養，這可歸因於吳清友從一開始，就沒有把誠品視為單純賣書的書店，而是回歸人與閱讀、空間的基本精神——誠品的空間設計與氛圍營造，都是為了閱讀的延伸，期待成為一個「款待書、款待人、款待心情」的場所。

那個年代的書店，大部分是將書堆在地上，收銀台視角還會被一落落高疊書塔占據，店內走道並不寬敞，只容一人而過。誠品以款待書與讀者的空間氛圍、專業選書的職人態度，融合古典書房美學及當代生活想像，在九〇年代初期，開展了另一種新鮮的視野。它告訴台灣人，知識原來可以這樣被尊重，讀者能夠這樣被

**註 1**
Wedgwood 與 Waterford 兩大品牌均創立於十七世紀，一九八六年，兩者合併為 Waterford Wedgwood（WWRD）集團。

款待。

榮格說，當一個人身處中年過渡時期，內在會出現思索生命的心靈重組活動。這樣的情形也出現在吳清友身上，他因而在一九九一年，擴大老敦南店的書店空間。

某天，吳清友站在誠品老敦南店二樓的名品區，環視偌大空間，心裡突然浮現一個念頭：「這麼大的空間只拿來服務特定的人士，實在可惜！」

他檢視自己創辦誠品的源頭，就是想分享閱讀的正能量，「這裡應該要服務普羅大眾才是。」與團隊討論後，他決定擴展選書觸角，加入創意與生活兩大領域。誠品從人文藝術專門書店轉為「人文、藝術、創意、生活」綜合書店，自此定調品牌核心價值。這個決定，也為廣大的讀者開了一扇經典閱讀的世界之窗。

地下一樓仍以美術圖書為主，一樓的 Tea House 與國際工藝品維持不變，二樓書店則從「人文、藝術、創意、生活」四個主軸出發，規劃了當時前所未見的書區與書種，如兒童繪本區、文庫區、主題書區、古書區、海報卡片區、生活風格區、文具禮物書區、人文學科區，同時引進國際知名的風格文具與設計禮品。

書店架上的每本書，都是該領域員工與外部顧問組成的專業團隊所選，選書原則廣納百川，尤為重視能夠啟蒙、影響、創新時代的代表作品。

比如，占地近五十坪的兒童繪本區，囊括了多國語系的兒童繪本；雜誌區擁有全球最具代表性的雜誌；外文書籍做到幾乎與全球同步上市，因為時區的關係，常是亞洲首賣站之一。專賣古書的書店在國外很普遍，但在台灣少見，誠品蒐集台灣早期及國外罕見的出版品，更在店內舉辦同好交流的古書拍賣會。在西方，許多著名經典不是以學科分類，而是判斷其在文化史觀的重要性。誠品打破僵化的分類，規劃文庫區，引進哈佛大學古典文庫、牛津大學世界經典文庫、人人文庫、英國企鵝文庫等世界知名文庫。

除了服務台，每一書區設有該領域的專業達人（後來誠品納入內部認證考試），提供讀者找書、選書的諮詢服務。閱讀座椅像是空間的精靈，輕悄呼喚著閱讀者來到它們身邊共讀。在誠品每個角落，都能尋到人與書相遇的現場風景。讀者自在的窩在誠品一角——椅子、階梯，或率性坐在溫潤的木地板上，在悠然沉靜的

古典音樂聲中，進入閱讀時光。

「書店最動人的是每個來書店的人的面容，不只是臉上的表情，整個人都會應著這個環境，融合在一起。每個人在書店的姿態都不一樣，他怎麼走進一個書區，在書櫃前沉思，或是找尋心中的那本書……。那個畫面非常美！」誠品書店總店區督導周鈺庭當年還是大學生，走在仁愛圓環時，被兩層樓高的誠品吸引入內，立刻愛上每個角落，更從顧客變成工讀生，畢業後更成為正職員工。

某種程度，吳清友重新開發了一種新的閱讀形式——走進誠品的人們，在優雅的空間美學氛圍中，感受到身心被安頓了，從外在行為開始，自動放慢腳步，輕聲細語，再從容進入閱讀的情境之中，形塑出靜謐安定的「場所氣質」。

## 經營一種「場所精神」

創辦誠品之初，吳清友就有所堅持，不做傳統書店，也不做制式商場。

舉例而言，因為是以「人文、藝術、創意、生活」為起點，誠品堅持不賣升學用的教科書，以及庶務性文具，即便周轉率再高。仁愛圓環有復興中小學、仁愛國中、仁愛國小與群聚的辦公大樓，每天都有家長帶小朋友進來找教科書，附近上班族也會進來問庶務性文具，誠品的員工常要請顧客到附近的書局買。

她也不是制式商場，商品專櫃要與「人文、藝術、創意、生活」相關，選品原則是要能帶給讀者一種生活風格與品味意識，像是一七四二年創立，瑞典最古老的水晶工藝品牌 Kosta Boda；可可．香奈兒與卓別林都愛的法國百年精緻美食品牌 Hediard；每隻泰迪熊的耳朵都有個金耳釦的德國 Steiff 娃娃。

吳清友是以人文思維做為原點出發，來經營誠品。

「我們不僅把書籍視為商品，更視為人們智慧的結晶與作品；我們不把讀者視為消費者，而是把來到誠品的每一個人，都視為值得尊重的生命；我們不說時間就是金錢，而把時間當作生命中珍貴的某一個當下。」在他的定義裡，誠品經營的是一種場所精神，不只是「書店＋商場」的空間場域，而是富含「場所精神」的閱讀、分享和安頓身心的文化場所。

「閱讀可以發生在書與非書之間，書店不但是傳播知識的場域，更可以成為各式藝文展演的文化場所。既然是一個文化場所，我們就必須在重視空間美學的同時，注入有能量、有氣質、有個性的場所精神。場所精神並非我與誠品團隊所能成就的，是必須讓城市中的多元文化，透過多元活動，邀請多元面向的市民共同參與。它是透過人、空間、活動激盪而生的文化氛圍。」

閱讀之外，誠品關注時代的脈動、土地與城市的人心。

台灣九〇年代因解嚴後更為自由奔放，迎來了民主化與本土化浪潮，群體在「大膽的新」和「古典的舊」之間，碰撞出創意與多元文化的百花齊放。[註2]

一九八九年創立的誠品，反射著時代印記與文化身影。她是大膽的新，與藝文界共同創作，人文、藝術、創意的活動在其場所激盪、發酵。她用原創性回應集體潛意識的「去威權性」的召喚，以一個「在書與非書之間，我們閱讀」的優雅場所，創造空間美學的質變指標——人文是一種品味，從容是一種氛圍，氣質是一種創作。

建築評論家阮慶岳認為，解嚴後，誠品敏銳也準確的展現中產階級興起，空間美學品味也必須迅速回應的事實，「以菁英、人文、優雅的風格，以及遙遙與全球化對語的姿態擄獲人心，提出前所未見的新型態都會公共空間，成功扮演空間美學風潮指標。」

「我從來沒有想過一本書會那麼有尊嚴的被放在玻璃窗裡，誠品的空間，以及多元的書目分類，也帶給我同樣的感覺。」旅美文化學者陳芳明在九〇年代回到闊別十五年的家鄉台灣，第一個造訪的書店就是誠品，讓他真切感受到台灣社會的變化，「一本書的重量，可以改變一個人的氣質，一個書店的分量，改變的是整個社會的氣質。」他形容，誠品當時的出現，是在做一個未來的預告，預告未來書店的模樣。

誠品也是古典的舊，以「經典閱讀」模式，透過人、空間與活動，形塑文化氛圍，並兼顧社會的多樣性與差異化，連結書店與城市人文的意義。

誠品的主題書區針對如性別平等、本土文化、生態環境、社會活動等時下議題，做為社會發聲的重要管道，象徵參與，也是喚醒；解讀現象，更是發省。這樣的

**註** 2

一九八〇年代末期到九〇年代初期是台灣社會很重要的轉捩點。八〇年代，台灣收割著做為全球代工之地的經濟果實。一個經濟處於增長的社會，文化思潮像午后雷雨，滂沱高歌，像是歡呼著欣欣向榮的未來。出版社從一九七九年的一千八百多家，成長到一九八九年的三千四百多家。台灣股市從一九八七年解嚴的一千點起漲，一九八九年登上萬點。一九九〇年二月，台股在創下一萬兩千多點新高後，一年內暴跌至兩千五百點以下。爾後，政府逐步開放外資，全力發展科技產業聚落，轉型為全球高科技重鎮，才逐漸走出泡沫陰影。一九九三年，平均每人所得突破一萬美元。

主題書區日後更成為誠品每家店的獨立策展平台。

誠品裡，閱讀活躍而繽紛，小劇場、攝影、書法、舞蹈、紀錄片、同性、女性、電影……輪番上演，同台交會。連結社會時勢，反映世界潮流，也呼應每個內在心靈的渴求——吳清友說，在過去封建保守的年代，個體未顯現的潛意識被壓抑於群體制約中，很難發聲，但自由之聲卻是每個獨立生命個體的渴求。

在誠品的空間策劃、舉辦各式各樣的演講、座談與文化活動——詩人管管、向明、洛夫朗誦著他們的詩歌；余光中、林懷民、黃春明、李昂訴說於現代文學；優人神鼓展演了五週年回顧；林獻堂、莫那魯道、蔣渭水顯影在台灣風土人物影像展。

誠品與藝文界像是共生體，前者是場所精神的營造者，後者是源源不斷的內容提供者，共同創造文化影響力。

譬如，九〇年代女性主義在台灣開始受到重視與大量論述，誠品的藝文空間反映時代的性別議題，將第一個活動獻給了女性。邀請文化人陸蓉之策展「女性藝術週」，號召十八位女性藝術家，透過她們的作品與講座，交互探討女性意識與空間、社會文化的關係。

譬如，星期五的夜晚來讀詩吧！從一九九二年八月七日到一九九七年的十二月五日，每個月的第一個星期五，在誠品的場域裡，愛詩人與詩人相遇[註3]。「詩的星期五」引起迴響，後來移師到老敦南店的後花園。

## 誠品之於城市的 In Between 思維

吳清友認為，就現實的重要性，誠品只是城市中的一小部分，城市的整體才是真正至關重要。誠品在思考區位定位時，就像一個具人文關懷的建築師，重視東方思維所講的人與他人、人與社會、人與自然之間的關係。

一九八九年九月，在中山北路二段與民權東路口的四層樓舊中山店，能觀察到誠品蘊含的城市精神。

**註 3**
一九九二年八月七月的星期五晚上，台灣現代詩界現在仍津津樂道「詩的星期五」，在誠品世貿店展開第一場詩歌朗誦會。由「詩的星期五」發起者洛夫，與詩人辛鬱輪流朗誦自己的作品，解析當時的創作觀點，並與現場聽眾對話。那一晚，原本預計近百人的席位，來了兩百多人「聽詩」。

中山北路一直是台北市交通要塞，比鄰而居的大樓，眾多招牌如緊湊石堆，就算是首次造訪也不會忽視這撲面的商業意象。誠品地處兩條大路交叉的轉角，大門正對中山北路，是台灣俗稱的高價值店面「三角窗」，從商業思維來看，這是廣告招牌的黃金地段。

而吳清友卻選擇在這裡創造城市留白，營造都會呼吸的空間。他想：「這是人潮多的台北市街角，希望誠品能為繁忙的都市營造出一處寧靜，讓人們能享受一份從容，即便只是等待紅燈時的短短幾十秒。」為此他特別邀請台灣知名建築師簡學義來設計建築外觀立面與室內空間，從觀照都市與人的角度出發。

建築物是會說話的，它們悄聲道出設計者與環境的對話。這棟四層獨棟建築花了兩年整建，由宜蘭石構成、極簡灰的洗石子外牆，內斂而純樸，唯一裝飾是透明的八扇大方窗，像是城市喧囂節奏的休止符，沒有絲毫含糊，穩穩撐住天際線，與周邊景觀融為一體，形成一種不容忽視的安靜力量。

屋頂中央開了大天窗，陽光灑落成屋內的美麗「光井」，一樓是建築設計、美術專業書店，二到四樓是代理的 Knoll、Cassina 精品家具、歐美博物館的大師作品

等，沿著原木樓梯向上，彷如走進光天雲影。舊中山店成為九〇年代台北具代表性的建築設計，也是當年學建築的莘莘學子必訪之地。

「當談到建築，應考量建築與都市、環境、人的不同功能，也就是人跟都市之間，人跟居住者之間的關係。它其實是一種價值跟觀念引導在先，衡量、處理所謂的 In Between（之間），之後才去談建築與被賦予的功能應該如何表現。」這是吳清友的建築觀點，從中可見誠品所重視的場所精神：場所是一種氣質、空間是一種美學、設計是人文關懷。

可惜，舊中山店因約滿被房東收回，前後加起來只有六、七年。但 In Between 的思維經過二十多年，已內化為誠品的品牌思考，形成獨具一格「人與自己、人與空間、人與活動、人與人」的「之間」創新象限，也是企業差異化策略的關鍵思維。

# 04 文化引路人

## 探索腳下的風土



書店之於一個城市，是文明的靈魂。愈活躍的城市愈有精采的書店。

一九九三年開始，誠品不再只是台北的誠品了！她透過書店本身的滲透動力，先在台北市的商業精華區啟動閱讀文化，再走進不同城市、社區，像是一個文化引路人，每到一處，都以啟動當地讀者美好閱讀經驗為使命。

除了一九八九年的老敦南店與舊中山店，一九九二年，誠品在信義路五段，台北世貿中心對面開了以「閱讀企業人文」為定位的世貿店。一九九三年，第四家店進駐中台灣，在台中自然科學博物館內，是一間以「自然生態閱讀」為主調的科博店；一九九五年抵達南台灣的高雄漢神店，是誠品第一次在百貨公司設店；同年桃園統領店開幕，這裡擁有獨立的兒童書區與誠品文具館。

一九九七年，新竹護城河畔出現獨棟五層樓的誠品，在古城與科技的新舊交陳，賦予風城更多人文生活氣質。那一年，全台百貨也有個新鮮事，誠品在台中中友百貨內，以七百坪空間，挑高八米的環型書區，翻新台灣書店設計的器度，開創大型綜合書店在百貨公司躍升營運主角之先河。同年九月，跨出都會區，開了邁向城鎮普及的首店——屏東店。

一九九八年，展店地圖納入中壢店，以及南台灣第一家獨立大店、位於長榮路與府連路口的台南總店（二〇一三年租約到期後搬到東區文化中心旁德安百貨，現在的誠品生活文化中心店）；一九九九年，到了嘉義，店裡特別規劃「嘉南專櫃」，是誠品最早的當地文化專區原型；二〇〇〇年，在基隆廟口旁開了基隆店；爾後，美麗的蘭陽平原上也有了宜蘭友愛百貨裡的誠品友愛店。

一九八九年到二〇〇〇年，誠品團隊新展店三十九家。尤其一九九六年到二〇〇〇年，進入展店尖峰，平均一年展店五至六家；二〇〇〇年，擴點速度創下年展店十一家紀錄。

誠品不只是一家書與非書的新型態書店，更在台灣的不同城市，擴大書店接駁文化活動與市民生活接觸的功能，把菁英文化大眾化，把大眾文化精緻化。長年與出版界、藝文界、表演藝術界、設計界展開深度合作，不論是經典復興、前衛創新、批判寫實、小眾另類、抽象艱澀、主流趨勢……各種題材與體裁在誠品涓滴成文化流河。

她在推廣閱讀文化著墨極深，在各店舉辦演講、座談、找來各領域達人導讀分享，強調閱讀並非高不可攀，而是融入生活，滋長了九〇年代的文化青年，也是台灣六〇後與七〇後在他們求學時期或社會新鮮人階段，認識多元世界觀的管道之一。

同時，誠品廣泛引進世界各地的出版品，每月推出誠品選書，領域無限制。之後，擴大選品類型，包含音樂、電影、特色文創禮品、家具家飾用品、優質食品等。

台灣 *ppaper* 如此定義誠品現象：「誠品書店為我們培養出的閱讀習慣是一種態度，對品味的自覺、對自我提升的追求，同時我們亦可以將之視為近代台灣對生活美學的再啟蒙。」作家楊照也形容誠品的誕生與崛起，不只是一次商業行為，更是台灣社會中重大的文化事件。

## 誠品迷的「書店夜未眠」

一九九五年九月，台灣文化史有個「重大事件」，讓社會見識到原來年輕人的通宵場所，除了ＫＴＶ、酒吧、家裡書桌前，還願意為了一家「書店」夜未眠。這家書店的名字叫誠品。她也做了一件一般書店不會做的事：「開趴」！

敦南圓環誠品因租約到期，必須告別六年舊址，搬遷到隔壁的新光大樓新居。九月下旬，誠品舉辦一系列的「喜新戀舊・移館別戀」活動。其中有個創舉，九月二十三日上午十一點至九月二十四日，連續營業十八個小時。

那個週末，四面八方的人群走進仁愛圓環，整夜的音樂和啤酒、不斷電的演唱會、小劇場與表演。雷光夏、陳明章、數個地下樂團在戶外接力開唱；實驗劇場、南管演奏、平劇、舞蹈在中庭與室內空間接續出演，還有通宵的跳蚤市場可逛，儼然像是城市的慶典。

十八個小時內，三萬人次湧進誠品敦南舊館，要三個台北小巨蛋主場館[註1]才能容納。也是台灣第一次在凌晨四點，進書店還要排隊，一路排到戶外，還創下單日營業額新台幣三百萬元，當年老敦南書店的平均年營業額也不過才三千萬元。

一九九六年三月，敦南店在仁愛安和路口全館新開幕，除了藝文空間之外，還增加視聽室、獨立兒童館與文具館，誠品畫廊也搬到同一地點。從地下二樓到二樓的千坪空間，集結文化、知性、風尚、美饌、創意、生活等領域，演繹書與非書的多元生活提案。二樓是書店，內含十萬種書目、二十三萬冊書籍，一樓是文具與生活精品，G樓是美饌，B1到B2是「人文、藝術、創意、生活」的主題商場。

是在這樣的九〇年代中期，台灣社會走向了出版、言論鬆綁的自由，島嶼的個體不再受統治思想箝制，開始恣意追尋各種可能性。

註 1
台北小巨蛋主場館做為遠端舞台、演唱會等一般形式，可容納約一萬兩千個座位。

吳清友說，如果每人都能疼惜腳下的風土，這個世界就沒有一個真正心靈荒蕪的所在。誠品的願景是希望把「人文、藝術、創意融入生活」，與普羅大眾分享。

隨著敦南店搬遷擴大，加上誠品走進台灣各城市的腳步，所累積的活動能量與文化厚度，讓誠品得以有更為開闊的關注視野。在大眾流行與小眾另類之間，在都會與非都會之間，走進市民日常。其所注入的閱讀、講堂、藝術、展覽、表演……等多元文化活動，從初期的每年幾百場，成長為一年幾千場，至二〇一六年舉辦了高達五千多場次。最難能可貴的是，誠品一直到二〇〇四年才開始獲利，雖然歷經連續十五年虧損，仍堅持著「自己的土地自己疼惜，自己的文化自己耕耘」的理念。

一九九七年「誠品講堂」成立，「閱讀」變得立體起來了！

誠品團隊探尋、挖掘各領域的專家學者前來「講學」，放大縱深，縮影時空。從空間、建築、生活風格、藝術、電影，到哲學、歷史、趨勢、文學、音樂，穿梭古典與當代、融合東方與西方，無不深談，開啟華人社會的民間講學新風氣。

當年，「誠品講堂」講師之一的詹宏志跟誠品生活協理謝淑卿說：「誠品講堂應該是台灣最不功利、最純粹追求學問的地方了！」謝淑卿說，誠品人在策劃任何活動都是全程參與，投注遠超過成本的心力，像每期課堂規劃都是誠品團隊與授課師資多次討論的心血結晶，若想邀請新的老師，也會先去大學課堂旁聽。

「它是書店，但其實卻又早已不再只是書店，而成為台北文化地圖的一個地標、一枚記號。誠品之於文化台北，就彷彿艾菲爾塔之於巴黎，它們都帶著城市走往想像和期待的方向，」文化評論家南方朔是「誠品講堂」拉開序幕的授課老師之一，分享過全球新倫理、全球化等題目。「現在的誠品講堂較以生活化的主題為主，如生活美學、藝術、時尚流行等，這透露出來的意義是：誠品二十年來見證了台灣的文化趨勢，跟隨著時代一同產生變化，讓誠品風格也隨之不斷更迭。」註2

## 與城市文化集體創作

行色匆匆的人心也嚮往書店風景。一九九八年，誠品進駐捷運台北車站，經營一個能短暫讓心靈停泊，整頓好再啟程的車站型書店，二〇〇〇年，也到了板橋新站與龍山寺站，人與書開始在轉運站相遇。

她關照的族群從成人到年輕人、兒童，像是把閱讀融入年輕流行文化聚集地的西門店；在台中火車站前，開了屬於十三歲到三十五歲新世代的龍心店；當時的台北民生二店考慮社區的需求，特別強調兒童閱讀書區的完整性，設立了兒童戲劇舞台。

如果說，一九九五年前的誠品，在她的場域化身為城市思潮的交會之地，一九九六年後的誠品，則渴盼關照民眾的文化生活。誠品與各界團體合作，走進城市的廣場、街道、天橋，以親近大眾的活動形式與議題，讓公共空間化身文化舞台。

例如，誠品嘗試舉辦戶外音樂會，一九九六年暑假，從七月初到九月底，連續十三週的週末夜，與《破報》、台北愛樂合作，邀集陳昇、雷光夏、吉他詩人董運昌、電音@llen、英國 Peter Suart、香港 Juno 樂團……等各類型音樂人，從優雅古典、流行搖滾、抒情民謠到迷離電音、前衛實驗，週週在敦南店戶外廣場紅磚

**註** 2
誠品二十週年時，南方朔回憶曾在「誠品講堂」開過一門「全球化時代的未來知識份子」，九〇年代末到二〇〇〇年初時，全球化議題正熱，參與的聽眾非常踴躍，當中有不少知識份子、學者、中研院院士、官員，盛況令他記憶猶新。

道上開演。

誠品也與藝術家合作，轉化人文關懷為影像藝術，在城市的天地間，喚醒大眾對社會弱勢的重視。

誠品的世界裡沒有絕對，但又具備了某種定性，兼具嚴謹與詩意，不斷體現時代的意義。一家家風格各異的誠品，細心滋養著進出其中的廣大讀者，自由連結自我與空間的關係，累積出個人與集體的情感記憶。

「每一塊土地都是地表上獨一無二的坐標，人和土地是不可分割的，土地給了人的生命一種最原始而安定的力量；誠品對土地是尊重的，不管是誠品或市民，都是這塊土地、這座城市的一部分，誠品所扮演的，是『參與城市文化塑造』的成員之一。對於這種參與，我們有很多的想像，那會是在某種層面上，為社會注入正面的能量，而那其實是一種與城市文化集體創作的過程。」

在吳清友的理念下，誠品總想回到人與土地之間，去探索當下時空的社會。特別是具有指標性的店，都是團隊經過反覆研究、思考最符合當地人文風情、環境景

**註** 3

一九九六年，誠品與工作傷害人協會共同策劃，在誠品敦南店外的敦化南路安全島上，展出攝影家何經泰的二十幅巨型作品「工傷顯影——血染的經濟奇蹟」。同年，位於台北車站的誠品大亞店開幕，當時大亞百貨連通到台北車站的那座一天五萬人流量的灰色天橋，在台北文化基金會協助下，誠品與市府合辦「天橋影像展——作家身影」。

註3

觀，同時因應在地的族群特性，不斷翻新經營向度，展現書與非書的空間美學。

許多民眾記憶中的天母中山店，融合天母休閒生活型態與異國情調。運用長緩斜坡，緩和入門的心情節奏；成片落地窗與屋頂天窗，引進戶外的陽光與綠意，增添閱讀樂趣；荷池綠蔭的後院，提供台北少有的露天場所及表演空間，誠品讓一向邊緣化的小劇場界，在這裡上演一部又一部的人間劇展。

位於老台北西門町的西門店，運用挑高設計，將過去今日百貨電影院改造為給年輕人的書店生活片場。以原木和黑鐵架塑造文藝青年風尚，從地下一樓到三樓，集結書店、流行、服飾、美食。三樓的誠品書店特別強化表演藝術、漫畫、生活風格等書種，邀請年輕人將閱讀當作一種樂趣。

設於中友百貨十樓與十一樓的中友店，是誠品在中部的第一家大型綜合書店。以「書店是跨越時間、空間的旅行」概念，善用挑高八米的空間，開展三層疊序的環型書區，在一圈又一圈的迴旋與幾何線條之間，創造出既開闊又隱蔽的閱讀風景，每個人都可以找到適合自己的閱讀姿態。

一九八九年進入誠品，滿二十五年退休的曾乾瑜參與誠品深耕土地的過程，他說：「誠品對於每個空間，都要找到對的人來設計；不同的店，會特別去尋找當地的建築師與設計師合作，融入當地文化意象。」

二十多年來，誠品與不少有文化理想的建築師、設計師合作，如獲得美國建築師協會頒發榮譽院士的華人建築大師姚仁喜、以品味美學獲得亞洲最具影響力設計大獎的陳瑞憲，以及簡學義、黃聲遠等多位台灣知名建築師，打造出誠品訴說的在地文化故事。

## 全球第一家二十四小時書店

龍應台曾說，台北的誠品書店在廣大的華人眼中，是一個重要的台北文化地標，「這樣的書店可以成功，不僅只是一個經營的技巧而已，它需要社會多元開放，更需要數量足夠的、相對成熟的讀者群體。誠品書店的成功，意味著我們在一個有人文的城市裡。」就是在這樣的城市裡，孕育了第一家二十四小時書店。

敦南店在搬遷時，對讀者進行了一項「每個人心目中的理想書店」調查，發現老敦南店不打烊的活動深植人心，還有人描繪心目中的書店要有清揚的鳥叫聲。「可不可以有一間永遠不打烊的書店呢？」是讀者這樣單純的夢想打動了誠品，經過評估之後，決定放手一試。

一九九九年，敦南店成為全球第一個二十四小時書店，把「閱讀」納進台北的夜生活，在時間恆河中，一個文化地標就此成形。

每年，除了上下半年盤點與除夕夜的三個晚上，其他日子都是二十四小時營業。碰到強烈風雨的颱風夜，明知不會有什麼客人上門，依舊營業。時任誠品書店總店區總督導潘晃宇說，颱風夜有很多遊民會來敦南店避風雨，「就算沒有生意，我們還是要開。就像吳先生所說，閱讀是基本人權，書店是眾生平等的場所。」

因為二十四小時營業，敦南店光是打掃時間就很特別，只能選擇最安靜的時刻，時間落在早上八到十點；天花板的燈因長時間開著，每月要全部檢查一遍。深夜的敦南店，也是誠品面對最多眾生樣態之處，有學生、明星、旅人、失眠者、流浪者、孤獨者……等形形色色、不同心情的人們。

二十四小時書店，也帶領誠品從二十世紀跨入二十一世紀，確立了她在世界書店地圖上的獨特性，二〇一五年，CNN說誠品敦南店是全球最酷的書店。文化評論家陳冠中形容：「台北最重要的閒遊點，是書店，特別是誠品在敦化南路年中無休的旗艦店。一家店就可撐起整個閒遊空間，更不用說每一本書或許指涉萬千世界。誠品書店在台北已不只是書店；是酷、是嬉。本來不近書的人也被帶動、也可感受到它的氛圍，而接觸書。」

二十年來，誠品敦南店最令人心動的，是不論物換星移，書店的燈光永遠閃耀閱讀世界中眾生平等的初衷光芒。

這正是誠品書店二十四小時不打烊的真義。

# 第二部

# 2001-2010

# 有一種閱讀，存在每人心中

閱讀可以讓驕傲的人更謙沖，讓消沉的人自我成長，
閱讀的向度實在太開闊了！

——吳清友

05

# 經營是哲學問題

## Benefit 與 Profit

二〇〇一年後，誠品展店的腳步進駐校園、科學園區、古蹟建築，也走進了醫院，來到了購物中心。

飛越千禧年，台灣在二〇〇一年實施週休二日，那年開幕的「中壢大江店」就規劃全家共讀，以動物造型的空間巧思，創造親子家庭休閒閱讀樂趣。二〇〇二年，在高雄大遠百購物中心十七樓，開出一千坪、由陳瑞憲設計的全台最高知識殿堂。視野從階梯書景一路延伸大片落地玻璃窗外的海港城市，這家店在二〇〇四年榮獲香港設計中心的「亞洲最具影響力設計大獎」。

走上高樓，也遁入城市地底。二〇〇二年在東區地下街，誠品打造了一個集合閱讀、生活、遊戲與想像的生活萬花筒；也在維多利亞建築風格的台北光點，以及兩廳院的國家戲劇院內，分別開了電影與城市主題的「城市之光店」、「表演藝術主題的劇場生活店」……。總體來說，進入二十一世紀的誠品，展店形式更為多元，有「敦南誠品」的總店，也有像「誠品音樂店」的獨立店型、「城市之光店」的專門書店店型，以及如「台大醫院店」的醫院服務店型、「高雄大遠百」的百貨店型、「台北車站店」的捷運交通店型，各自有著精采的場所調性，也形成誠品「連鎖不複製」的展店策略。

誠品運用「書店場域」創造出「人文城市」的功能，以閱讀為核心精神，關注社會議題、土地需要、時代流向、深度文化，引領與觸動來到誠品的人們產生覺察。透過每家分店，誠品與在地文化人合作，耕耘所在區域的文化生活，以書展、講座、展覽、表演藝術、系列演講……等不同知識傳遞形式，存在城市生活的片刻場景裡。

她是林懷民在國外表演時的鄉愁：「每當我感到需要安慰與疲累時，就會到誠品逛逛。摸著書，看著書，都覺得在認識朋友。而誠品就是經常給我介紹朋友，對我最為熟稔的那個朋友。」

她也是余秋雨對台北的回味：「我的心，並不只是鍾情香港；我對上海、北京、台北也眷戀不已，對台北的文化氛圍更是讚嘆。誠品書店，讓我回味不盡。」日本作家新井一二三甚至為了誠品，認真考慮移居台北的可能性。全球趨勢大師大前研一親眼見識了深夜在誠品的眾多年輕讀者，說出：「相信台灣已經步入知識型與創意型的社會。」

她是童子賢心目中最美好的圖書館：「誠品做到了這個社會真正需要的公共圖書館，讓台灣學會了安靜，也像滋潤泥土的春雨，讓閱讀文化如雨後小草在各個角落滋長，根本是流動的文化饗宴。」

誠品的魅力也讓文建會在二〇〇三年提出「公共圖書館空間及營運改善計畫」，希望參考誠品的成功經營觀念，重新改裝原本冰冷的圖書館空間，營造具地方特色與溫馨有趣的閱讀環境。

展店最高峰時，誠品在台灣這張地圖上，有超過五十家店。然而，這並沒有讓誠品獲利，二〇〇〇年到二〇〇三年反而是經營最艱鉅的黑暗期。

## 哲學的利益 vs. 經濟的利潤

就算身處經營最為艱辛的黑暗期，吳清友依然堅持優先關照與終極關懷是人、生命與閱讀，並落實到實體的商業世界，形成誠品團隊努力實踐的價值思考——先利益（Benefit）讀者，才有資格談獲利（Profit）的利益思維，這也是他對家鄉這塊土地的許諾。

「我們不是把每一個來的顧客當成是消費者，而是一個獨立的生命個體。一個人是有心靈的，然後，他的心靈在不同時刻有不同心情；千萬個心靈，就有億萬種心情。」

因為重視顧客的心靈感受，就會思考所提供的服務對他們有何利益，書店就不會只是買賣交易的營業空間，而是一處能夠觸發讀者隨著心情自由閱讀、心靈安頓的場所。正如最早談管理、社會責任、知識工作者的現代管理學之父彼得・杜拉克所言：「凱因斯感興趣的是商品行為，而我感興趣的是人類的行為。」

誠品的創新，也不是為了競爭差異，而是透過品牌核心理念的「人文、藝術、創意、生活」本質，思考對讀者還能再創造出哪些利益。例如在店裡舉辦文化活動、藝文展演，也是因著利益讀者的思維而生，而後吸引精采可期的讀者，有了精采的人，場所自有精神，閱讀自成風景，產生了誠品的獨特性。

人，才是誠品的經營重點，對吳清友而言，經營是用哲學去思考問題的價值序列，商業利潤反在其後。

因而，誠品不是等企業獲利後，再來盡社會責任，而是一開始在營運模式中就思考誠品對於人、社會、城市、文化、產業的價值，集體創作當代的城市文化。比如，誠品認為推廣閱讀很重要，透過誠品這個容器，為各地讀者展演、深化、融合與創造出閱讀文化。

這也形塑出誠品團隊不同於一般的利潤價值觀。他們認為，「利」不是財務上的數據，「利」是多元性的思考。在經營管理、服務品質或績效改進時，要能兼顧

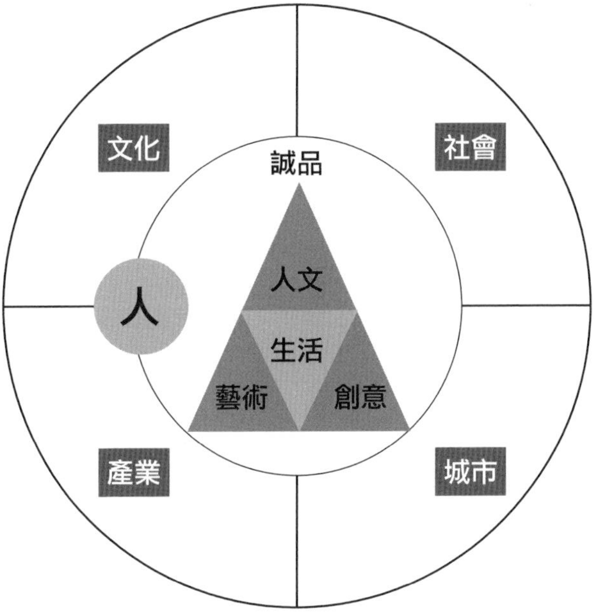
文化
社會
誠品
人文
人
生活
藝術
創意
產業
城市

私利與眾利。「利」不是只有數據上的利，還有價值思維上的利，是利他還是利己、是短利還是長利、是近利還是遠利，都要納入決策時的考量。也因為如此，誠品才能與眾不同，發展為一家真正關心讀者的企業，她真正在乎的是長遠的影響力，而不是短期獲利。

相較於「利潤」思維，「利益」思維是慷慨、良善、同理的，如同贈人予花，手留餘香。

「不管經營任何產業，有良知的經營者都明白，事業的根本是要建立在對人類社會有益之上，企業的存在若能讓他人有 Benefit（利益），才有可能談久遠。所以，企業要談的利，應該是哲學層次的利他，不能單指經濟性的 Profit（利潤），若擇一先行，要先利他，先利社會，企業才能得到心安理得的利潤。」吳清友說，不是只有誠品這麼做，不少基業長青的企業都存在這種特質，如一九五〇年，默克藥廠（Merck）創辦人之子默克二世就說了默克的經營哲學：「醫藥是為了病人而存在，而不是為了利潤而存在。利潤只是隨之而來，如果我們能牢記這點，永遠不必擔心沒有利潤。」

彼得・杜拉克在一九七七年已明白指出，一般會以「企業就是要獲利」來回答「企業是什麼」的問題，這樣不但是個錯誤，還是答非所問。他認為，企業是屬於社會的有機體，它的目的必須存在於企業本身以外，也就是必須跟社會相關，不能以利潤來衡量或是定義[註1]。

## 文化理想 vs. 商業現實

吳清友自認，誠品不是一個成功的商業模式，更不是全球商學院教授的那種典範企業。

「成功的商業案例怎麼會賠錢十五年？這代表經營者能力不足，或是模式不夠正確。我也不是憨笨的人，若要賺錢，可以有其他的選擇，但我下定了決心，誠懇面對自己的信念，就算在最艱苦的時候，只是明白，自己的能力不夠好，或者是財力不夠。」

不過，一九九五年投資誠品的童子賢不這麼認為。他形容，誠品是台灣最「優

**註1**

彼得・杜拉克（1909-2005）在《企業的概念》、《視野：杜拉克談經理人的未來挑戰》、《彼得・杜拉克的管理聖經》等著作中提醒：「企業追求經濟面的目標，並不表示他們無須承擔社會責任。其實正好相反，企業在追求本身利益的同時，也能夠自動盡到社會責任。沒有利潤，企業無法盡到其他的社會責任……，不過獲利只是企業基本必要功能。獲利極大化的傳統理論亦必須被淘汰。偏重獲利會誤導管理者，往往因此為了眼前的獲利，而犧牲了未來。」

雅」的商業循環。

「我看得懂，也放心投資。她的虧損是一時的，只要達到經濟規模，管理效率就可以提升；真正要看的是，誠品聚集了一群有深度與優雅的人，以及吳清友如何於虧損的年代，在文化理想與商業現實平衡。」

純論投資效益，書店不是一個好的產業。原因是，心靈美食與味覺美食有先天產業上的差異。比如，一碗牛肉麵在五星級飯店與在路邊小店的訂價不同，且不論師傅廚藝，光計算管銷成本與服務價值，飯店就會比小店高，消費者也接受價格由供應者自訂的市場規則。但像書本這樣的心靈美食，放在優雅氛圍的誠品與一般書店裡的訂價是相同的，加上多樣少量的產品特性，本身在數字表現上就是微利。

所以，誠品一開始以「書與非書」的書店與商場複合模式經營，不但是一種創新，也是一種理想與現實的平衡。只是，需要較長的等待期來達到規模經濟，才有可能達到相對合理的股東報酬率。

其實，誠品從一九九四年之後多次增資，並訂下長期展店計畫，成立負責專櫃招商與商場營運的誠品商場事業部，「誠建」的餐旅事業部也在一九九四年併入誠品。一九九六年，誠品成立負責精緻用品、食品、咖啡、酒窖等自營零售的零售事業部。發展至一九九八、一九九九年，集團小有盈餘（每股盈餘分別為〇・二六與〇・一六），年營業額超過新台幣六十五億元，不過，始終是其他產業支持，書店才能獲利。

敦南誠品成為全球第一家二十四小時書店後，品牌效益也於國際發酵，吸引英國ＢＢＣ、法國第五頻道等外國媒體注目。從成立的一九八九年算起，按理離十年有成不遠。

誠品在二〇〇〇年到二〇〇三年辛苦經營另有其因。

在建立穩定獲利的關鍵時刻，碰上台灣史上三個重創經濟的大天災——一九九九年的九二一大地震、二〇〇一年九月的納莉風災、二〇〇三年爆發的ＳＡＲＳ（嚴重急性呼吸道症候群）全球疫情。這三個天災重挫了台灣總體經濟，二〇〇〇年時台灣人年均所得已達一萬三千美元，卻在二〇〇一年降至一萬一千多美元，直到二〇〇四年才回升至一萬三千美元以上。

## 獲利關鍵時刻，天災重挫

一九九九年九月二十一日，天搖地動的大地震重創台灣中部，造成全台兩千多人死亡，一萬多人受傷，經濟損失超過三千億元。誠品第一次投資的自有物業——位於台中火車站前主要商圈、地下三樓到地上十樓的「誠品龍心店」，甫開幕一年就受到強震後中部經濟不振的影響。

誠品生活通路發展事業群執行副總經理歐正基回憶，「誠品龍心店」在一九九八年開幕，第一年營業額表現很不錯，但受到九二一大地震後中部經濟成長遲滯影響，營業額急遽下滑。加上災後重建的台中，城市的發展重心又轉移到重劃區，使得龍心店所在的商圈，在人潮轉往七期等新商圈後逐漸走下坡。

屋漏偏逢連夜雨。二〇〇一年九月，全球還在美國九一一恐怖攻擊的驚魂未定裡，百年怪颱納莉襲台，停滯陸地長達約五十小時，引發多處土石流，全台有四百零八所學校遭到重創，近一百六十五萬戶停電、逾一百七十五萬戶停水。因雨量龐大，又逢大潮，基隆河倒灌市區，大台北水淹兩、三層樓高，捷運板南線、淡水線遭洪水淹沒，交通樞紐的台北車站亦無法倖免，市政府光是抽水就花了十五天，捷運停駛三個月，災情十分慘重。

誠品是重災區的「受災戶」，敦南店、台北車站捷運店等多家書店幾乎全數「泡湯」。大水肆虐後，店面嚴重毀損，滿室的混濁泥濘裡還有一堆「漂」來的垃圾，滿目瘡痍。

誠品生活資深協理曹慧文那時是捷運店團隊，當她踏進地下一樓的店面，差點沒法子喘氣，水災退去後的地底是令人窒息的惡臭，「店內全被淹掉了，望眼過去，有如身處大片沼澤地。我們跟廠商進行清理重建時，雖然大家全程戴著口罩，但每兩小時就要上樓，呼吸新鮮空氣。那陣子我們都笑自己很像是電影裡潛伏在城市地底的忍者龜。」

納莉風災雖然讓一部分的誠品書店受創，但誠品的庫存都有投保產物險，可以向保險公司申請理賠存貨損失。李介修回憶，那時期的誠品書店庫存大多採用「月結可退」制[註2]，由於納莉風災重創北台灣，嚴重影響零售市場，誠品擔心市場景氣間接造成供應商的資金周轉困難，因此在風災隔天的緊急會議上，決議暫停支付當期貨款，先盤點庫存與退貨，再與供應商對帳付款，與產業一起共渡難關。

誠品在二〇〇六年底啟動「B2B供應鏈管理平台導入計畫」，當時擔任專案總監的李介修指出，這個平台可以讓供應商共享誠品書店的「進銷退存（進貨、銷貨、退貨、存貨）」資訊，及時掌握每個商品在誠品各分店的存貨與銷售數據，同時減少買賣雙方的重複性工作，藉此提升整體供應鏈效率。也因為B2B供應鏈平台提供即時且完整的相關數據，供應商可以快速掌握正確的實銷商品與庫存資訊，誠品才改變月結制，採用市場行之有年的寄售制與銷結制[註3]。

## ICU長假

二〇〇一年，吳清友又發生一次生命危機。某日夜裡，臨睡前，他的背突然出現絞緊般的劇痛。家人連忙叫了救護車，送他到離家最近的新光醫院急診，這次是有生命危險的主動脈剝離。

**註** 2

「月結可退制」是指當月的「進貨款」減掉「退貨款」的應付貨款，通路商隔月將應付貨款支付給供應商。但若是當月退貨款大於進貨款，則供應商需要還款給通路商。

**註** 3

寄售制是供應商將商品寄放在通路（商品所有權人為供應商），通路商依照實際銷售量結帳給供應商；銷結制是通路商向供應商進貨（商品所有權人為通路商），通路商依照實際銷售量結帳給供應商。

吳清友第一次發病碰上的貴人洪啟仁，恰巧時任新光醫院院長，一聽到吳清友又進ＩＣＵ（加護病房），非常清楚吳清友病程歷史的他，半夜趕回醫院，與主治醫師林佳勳討論。他們決定緊急用藥物治療取代手術。吳清友也在新光醫院的加護病房度過這輩子最長的十七天休假。

為了怕自己的健康狀況影響誠品營運，休完「ＩＣＵ長假」，吳清友曾考慮是不是應該換人經營。他猶記得，自己列出接手誠品的人選條件，並寫了一些名單，還在筆記上寫了一句話：「那一年，我哭泣了四次。」

此外，誠品在二〇〇〇年到二〇〇三年營運艱苦的另一個原因是，五十多家分店中，有不少是無法自給自足的。對於捉襟見肘，正費勁全力走出谷底的誠品，無疑是雪上加霜。

「那些店明明就賠，怎麼不把它關起來呢？」董事會上，有位股東力勸吳清友不要再那麼執著，該關的店就要關，不然會拖垮誠品。

吳清友明白，會投資誠品的股東都是因為認同書店帶給社會的正面影響力，他認為誠品即使開了賠錢的書店，只要能夠提升當地閱讀文化，就是一件有意義的好事！不過，企業經營終究得面對現實的ＫＰＩ，再難以割捨，到了幾乎活不下去的存亡關頭，也不得不做出取捨。

為了止血，吳清友最後聽進建議，二〇〇二與二〇〇三年進行通路整頓，總計關掉十多家虧損連連的書店，同時開發具穩定客源的新形態通路，如進入台大醫院的醫療服務體系。

「我用情太深了！那位股東的話幫助我想通，只要推廣閱讀的心不變，把賠錢的店收起來，資源就能重新運用，再選一個好地點，繼續走下去。現在回頭看，只能講我們夠幸運，才能破除當年的盲點，不然誠品很可能已經不存在了！」

至於，接手的人選條件與名單成了塵封於吳清友心底的記憶。那本筆記本上列出的條件是什麼、名字有誰已不再重要。若當時果真換人經營，誠品也不會是現在的誠品了。

## 隔離衣下的善愛美

童子賢曾對吳清友說：「其實絕大多數的商業決策是哲學問題。」吳清友百分之百同意，因為這是誠品在文化理想與商業現實之間的平衡思考。

二〇〇三年，全球暴露在ＳＡＲＳ的死亡威脅下，Ｎ95口罩隔絕飛沫傳染，卻擋不住人人自危的無盡恐懼。

四月二十四日，為防止ＳＡＲＳ疫情擴散，台北市的和平醫院無預警封院，隔離一千多人，黑色憂鬱籠罩全台。隨後，台灣被ＷＨＯ列為疫區，外國客進不來，本地人也不敢上街，人心惶惶。

五月，台大醫院因超收大量ＳＡＲＳ病患，對其他病人和醫護人員造成重大威脅，宣布關閉急診一週，進行大消毒。除了醫療團隊之外，還有一組團隊也堅守在崗位上——第一次標下台大醫院店美食商場經營權、得標不到半年的誠品團隊。

當時擔任台大店營運主任的曹慧文還記得，有個專櫃廠商的員工疑似感染，被送進樓上的醫院負壓隔離病房。當時風聲鶴唳，人人對醫院避之惟恐不及，但商場主管對吳清友說：「即使要穿著隔離衣，也要跟台大醫院並肩作戰。」

「我們仍然決定留下來，服務那些被隔離的醫護人員與病人。外面沒人敢送便當進來醫院啊！」曹慧文回憶，公司決定醫院的員工餐只收五十元，多出的費用由誠品補上。每天供應美食街完整營養、多種選擇的現煮套餐，讓抗煞前線的醫護人員能有體力作戰。

當時的作業方式是，每天上午，誠品在收到醫護人員與病人的點餐，開始製作餐點。中午送到指定區域，再由身穿隔離衣、戴著口罩的送餐人員取餐，分送給各個醫療站與病房。期間，曾發生隔離病房的餐點配單錯誤，發現時，已經過了醫院送餐時間。誠品的員工心想，不能讓病人餓肚子，於是全副武裝穿上像太空人的隔離衣、戴上N95口罩，親自送餐。

吳清友在這期間多次探訪同事，並與當時台大醫院總務部翁主任保持聯繫，隨時掌握狀況。

身處治療最嚴重ＳＡＲＳ病患的台大醫院，誠品團隊面對的是稍一不慎，就會被病毒感染的性命危險，她們卻自動選擇了留在危險的前線協同醫院作戰。是人文關懷戰勝了恐懼和脆弱。

「這樣的生命價值在商業社會不一定能生存茁壯，但我們願意去探索，創造一個前所未有的模式。我們是這塊土地孕育出來的一群人，為了共同的 belief，心可以這麼可愛，彼此相互信賴，共同創作，這是我最珍惜的！」吳清友說。

那一年，台大醫院感謝抗煞期間大力協助的廠商，一個是醫療廠商，另一個就是誠品。

經營的起點，可以從市場的商業模式出發，也能從經營者的生命哲學出發。吳清友與誠品，給了現代經營者另一種可以思考的觀點。

# 誠品讀書節



親愛的同仁：

此刻是七月三十日凌晨一點，一如往常，我在閱讀，閱讀我可愛的書店同仁近日完成的誠品讀書節企劃文案。雖只短短的五百字，即使我再從容，仍要重讀三次，才覺夠味。

同仁的用心與創新，文字的魅力，一旦進入閱讀情境，對我，一如往常，仍是不可抗拒的誘惑，仍具致命的吸引力。

今夜巧合的因緣再度重現，我同時讀到李歐梵教授在《亞洲週刊》文化觀察版的一篇短文〈叫夏天讀書不要太沉重〉，李教授的觀點恰與我們今夏讀書節的心念是相通的，黃仁宇與薩依德又是我所敬佩的兩位作者。

拙筆未能言及全意，但盼與可愛的同仁分享。

總經理吳清友 謹上

民國九十一年七月三十日

# 06 賠錢十五年的「阿Q」

## 你的所得就是你的付出

如果，只是要投資事業，以吳清友的所學背景（台北工專機械科），應該要選擇一九九〇年代炙手可熱的高科技產業。一九八七年，張忠謀成立台積電、一九八九年童子賢等人創立華碩……，台灣在一九九〇年通過「促進產業升級條例」後，還能舉出許多曾創下成長高峰的科技公司。

如果，只為喜愛藝術、建築，吳清友大可持續收藏大師作品，買地自建就好。事實上，從一九八八年開始籌備誠品的前後幾年，台灣股市從一千點起漲，三年翻漲十二倍。以吳清友對數字的敏感度（誠品同仁形容這位領導人的特點之一），把做誠品的資金拿來投資股市與房地產，財富不知倍增多少了。

計數一九八九年到誠品轉虧為盈的二〇〇四年，連續十五年入不敷出，吳清友始料未及，卻從未想過放棄。事實上，從一九九六年到二〇〇二年，新舊股東現金增資達新台幣二十二億五千萬元，他肩負籌錢、增資和經營的重擔，所承受的心理壓力，是旁人難以體會的。

家人與親近的員工都說，吳清友是一個非常樂觀的人，不管遇到任何困境，極少會亂發脾氣，或口出惡言。

枕邊人對於壓力的感受最為深刻。

洪肅賢常忍不住問先生：「開一個誠品，把家當都賣了，還跟銀行借了一堆錢。你真的都不幫兒女想一下嗎？」

吳清友總是安慰她說：「放心！我們現在還是資產大於負債！」

現居的吳宅，當年要蓋房子時，朋友推薦一位風水師。風水師問：「吳先生，你要財富，房子就朝南；要健康，房子就朝北；要智慧，房子要朝東，你想選哪一個方位？」

當時，他不加思索答道：「我要朝東！」經營誠品過程中，吳清友逐漸明白，自己可以享受物質，但追求財富不會是生命中最心儀的目標。當一家四口坐在客廳閒談，他不只一次語重心長的告訴兒子威廷、女兒旻潔：「為什麼我們能夠住在這麼好的房子裡？認真努力的人那麼多，為什麼我們卻特別幸運？哥哥、妹妹，你們是不是要好好珍惜？」

但年復一年，看著不動產一筆筆變現為營運資金，借款金額一天天向上爬升，身為太太，怎能放心？有好幾年，洪肅賢按捺下心中埋怨，自己努力跟會，投資理財，幫孩子存下保險基金，才覺得對兒女比較能交代。

關於財務艱困的現實，還有一人感受至深。她是負責公司資金調度的誠品生活財務管理處經理沈玉華。一九七八年時，她就是誠建的員工，吳清友創辦誠品後，她也負責誠品的財務。

沈玉華明顯感受到「好日子」與「缺錢日子」的對比。做誠建，老闆有錢買地；

做誠品，老闆一直賣地，身家資產一日日全賠進去。看在眼裡，沈玉華提醒吳清友無數次：「老闆，有需要做到這樣無怨無悔嗎？」

長達十年，沈玉華常半夜驚醒，煩惱老闆有沒有順利籌到錢，擔憂明天尚無著落的應付款要怎麼解決。她那時最大的夢想就是中頭獎，來減輕公司的財務壓力。雖然壓力大到長年失眠，沈玉華沒想過要離開，因為吳清友是她看過最善良的人，就算長期虧損，依然堅持清清白白，正派經營，很讓她服氣。

有一次，碰上周轉金不足，本預計入帳的專案款晚兩天才會入帳。沈玉華心想才差兩天，就跟吳清友報告：「專案的工人薪水就跟著晚兩天發。」

吳清友聽了臉一沉，嚴肅跟她說：「薪水只能提前，沒有往後。那些工人很辛苦，我們晚發了，他們的家庭怎麼辦？一定要準時！錢的事我來想辦法。」日後，資金調度再怎麼困難，沈玉華再也沒問過吳清友，薪水可否晚發。

誠品生活餐旅事業群總經理吳明都是吳清友的弟弟，一九八二年進入誠建工作，從餐廚設備的業務員做起，也是誠品團隊的元老之一。由於長年服務星級飯店客戶的經驗，他熟知餐廳旅館用品與生活精品領域，引進了餐瓷、酒杯、鍋具、咖啡豆、西式茶葉等國際頂級品牌，發展出誠品酒窖、餐廳、咖啡等零售事業。為了能夠更理解各式酒杯器皿的特性，吳明都開始學習酒類鑑賞知識，進而鑽研出興趣，擁有敏銳味蕾口感的他引進歐洲著名葡萄酒產區的優質酒款，甚至有不少是酒莊授權給誠品的獨家代理。二〇〇一年，他因推廣葡萄酒成績卓著，獲得法國農業部頒發傑出貢獻榮譽騎士。

吳明都是家中最小的兒子，與吳清友兄弟情深，一路相挺在他上頭的這位四哥。誠品缺錢的日子，吳明都義不容辭當哥哥的保人，遇上資金吃緊，也幫忙想辦法，所幸誠建時期累積下來的信用招牌管用，好幾次是客戶體諒願意提前付款。

誠品虧損了十五年，吳明都作保的金額也隨之增高。有一次，沈玉華碰到吳明都，問他是否知道當時作保累積的金額有多少？「她跟我說有十多億，我才知道原來有這麼多！」儘管如此，吳明都從未萌生打退堂鼓之意[註1]。

「我無怨無悔！人在順境與逆境都能有所成長，有了那些辛苦歷練的過程，你才會更加珍惜現在，而且我是在做著自己喜歡的事。」吳明都在二〇〇七年升任誠

註 1
吳旻潔進誠品工作後，叔叔吳明都是支持她的良師益友。她回憶：「Nical（吳明都）是一個真正至情至性的人。我剛進公司時，一竅不通，Nical 帶我認識主管與介紹餐旅業務，什麼都願意教導我，從以前到現在，對我只有無條件的支持⋯⋯。我知道不管我的能力或表現如何，他都會挺我，這就是他愛自己哥哥的方式：全力支持哥哥的選擇！有時候 Nical 被老闆責備了，特別難過，但也從來不在我面前抱怨，頂多嘆氣苦笑說『嗯⋯⋯老大說得確實有道理⋯⋯』，這一切我的感受特別深刻。我想起以前吳先生的貼心祕書胡媛曾經說吳先生，『燈塔照亮了遠方，但燈塔周圍是暗處，那些近在身邊的人可能會覺得比較寒冷』。這麼多年來，Nical 就是老闆身邊最能體會這一點的人了吧！」

品生活餐旅事業群總經理，二〇一二年時，更帶領團隊贏得台北文華東方廚房和洗衣房設備超過新台幣兩億四千萬元的合約。

## 比浪漫更難的是樂觀

畢竟是度過十五年盈少缺多的日子，過程磨人，所有壓力就像粽子頭，歸處是經營者。

理想，令人著迷的是浪漫，但比浪漫更難達到的是，樂觀。吳清友的樂觀，來自於生命無常。

體會過無常，不把得失放在表象的成功與失敗，碰到再不好的事，也自有其存在價值，生命的功課就是把存在的價值轉為正能量。

「當別人讚美誠品賠錢十五年，還能堅持下去，對我而言，其實是經過這樣的坎坷來驗證。假使我沒有生過病，或許不會有這種思維，每個人生命中的不同因緣，其實都在積累你曾經有過的經驗，對你的決策都有一股莫名的影響。因為疾病，你孕育了比常人更強的生命力，以應對某一天的突發狀況；除了醫生，你必須靠自己，積累樂觀、正面、積極、韌性、精進……等所有的生命資本。」這是吳清友撐過漫長十五年帳面赤字的心志與毅力。

也許記憶會雲淡風輕，也許艱辛是淬鍊養分，吳清友終究是凡人，壓力值總會到達滿點。在經營誠品的過程中，每即至臨界值，他就會走出地下一樓的辦公室，散步到附近公園去「吐大氣」（台語）。公園不大，已足夠讓跌宕起伏的心靈喘息、透氣。還有一個充電基地，被吳清友稱之為「幸福加油站」。那個地方也不神祕，就在敦南誠品的二樓咖啡館。

他喜歡坐在能望向書店的前頭小檯子，看著人來人往，「我從進出書店的千百種表情，感受到一種正向、鼓勵的氛圍，體會了『歡喜做、甘願受』的道理。」

有一天，吳清友照例坐在他的「幸福加油站」，突然有個聲音在前方響起：「請問您是吳董事長嗎？」

他聞聲抬頭，看見面前站著一位打扮端莊的老太太。

「感謝您讓不愛看書的人也走進書店，誠品真的很好！」老太太這句話，激勵了當時還在與誠品虧損奮鬥的吳清友。誠品是心靈停泊的港口，這是他真實的生命經驗。他是誠品的創作者，也從進出誠品的讀者獲得支持的力量。

「在人生的旅程中，不管我有沒有能力，或是有沒有機會，生命的存在就是不斷把負面扭轉成正面。『好代誌來感恩，壞代誌要練功夫』（台語），然後在這個過程中，探索自己是不是忠誠的面對自己的 Belief，願不願意為自己的 Belief 奉獻一生？願不願意認為那就是我？」這是把病痛與經營誠品視為生命兩個功課的吳清友。

## 過關的DNA

每一個抉擇，都是決策者的價值體現，而價值的形成來自於生命的身歷其境。賠錢的時候，他嘗試把痛苦變成修行，告訴自己：「我不見得能過關，但縱然過不了關，我也不可能放棄，這是我的 Belief！」這種力量其來有自，與父母給他的身教與言教有關。

「父親是我生命裡最真實的典範，我從小看見他人生的坎坷，他的人格卻始終那樣的有擔當、硬氣與精進。」吳清友的父親吳寅卯出身台南貧窮漁村馬沙溝將軍鄉，是家族中第一位接受高等教育的子弟。走過日治與光復時代，白手起家，成為罐頭工廠董事長，五十六歲時，因作保受牽連而破產。當時，有不少人勸吳寅卯脫產，他卻堅持「留得清白在人間」。他不要九個孩子往後被人在背後議論，選擇坦然面對，回到馬沙溝，挑糞、種田、養殖虱目魚。

人生從清貧到小富，再到一無所有，吳寅卯從不抱怨，也沒找人討債，堅持每個小孩接受最好的教育。吳清友念到小學五年級，就被送到台南市寄讀，準備報考初中。他至今仍保存著父親用毛筆書寫勉勵孩子的「誠」字。

年近六十從頭打拚，吳寅卯還竭盡所能奉獻鄉里，創設家鄉第一所長平國小。更熱心公益，號召改建漁村信仰的廟宇，讓出海討生活的漁民有心靈寄託。八十八歲離開人世時，遺言是要子女把他的財產全數捐給遭遇海難的家庭。

吳清友的母親活到九十歲，勤儉持家，一輩子為家人無怨無悔。「她雖然沒受過什麼教育，卻讓我懂得何謂付出的智慧。」小時，吳清友跟母親下田工作，曾覺得每次天災一來，日日辛苦耕種的農作全數毀於一旦，真的很像村裡長輩形容的「艱苦呑腹內，無語問蒼天」（台語）。某次，年紀尚小的他忍不住在嘴裡嘀咕：「這一點也不像老師說的一分耕耘，一分收穫。」

母親聽到兒子的「心聲」，笑了笑，和藹告訴他：「清友！我們真正能擁有的其實正是我們的付出，只要努力過了，那便是你真正的所得。」經營誠品的過程，吳清友常想起母親對年少的自己說的這句話，愈益明白，人所能擁有的就是自己的付出。

「我的父母給了我相當多的養分，好像是在幫我練武功！假使沒有活過那個年代，沒有碰到這樣的父母，當我面臨病痛與經營的困境時，能否度過，這會是個問號。我心裡明白，不是自己厲害，是因為有這麼多的好因緣給我力量！」

此外，因喜愛藝術，吳清友結識不少藝術家，從這些創作者身上，他也看見生命的修行者，其中有幾人是他欽佩的榜樣。

其中一位是林懷民，為了台灣現代舞而創辦雲門，甘願過清苦的生活。在吳清友的心裡，這位老友是台灣精神意象的新希望，是生命與藝術創作的苦行僧，也是夢想與浪漫的真實映照。

設計國父紀念館、教育部及外交部大樓的建築師王大閎，亦為吳清友最為欽佩的長者之一。他曾到王大閎天母的居所做客數次，近距離看見大師內外兼修的素直與謙沖，起居生活也如同修行人般極簡律己。

「建築是一個人的生活容器，大閎先生的建築設計觀、藝術觀、生活觀、價值觀四者合一，不只是作品，更體現身為人的精采度，他的生命主張、設計與生活是高度一致的，內蘊豐富無限的精神向度。」

吳清友還欣賞雕刻家陳夏雨[註2]。陳夏雨忍受貧苦與孤獨超過五十年，他的人就像其所創作的一手握著鶴嘴鋤、一手拭汗的「農夫」，身形瘦削、雙手蒼勁，終日辛勤埋首工作室，每件作品都傾注心血，蘊含飽滿的生命力與韌性。吳清友敬重這位藝術家人如其「品」，自宅與誠品行旅都收藏著陳夏雨作品。

**註** 2

陳夏雨（1917-2000）被譽為雕塑界的詩人，無師自通，後來天分被藝術家陳慧坤發掘，協助他前往日本拜名雕塑家為師。學成返台後，為了專心創作，一生離群索居，為雕塑創作奉獻心力。陳夏雨在世時，作品極少公開展示，因與吳清友熟識，曾在誠品畫廊展出。當年，為了改善陳夏雨每日待在不到兩坪大的工作環境，吳清友還促成王大閎為陳夏雨設計住所與工作室，陳宅也成了王大閎退休前的最後一個作品。

國父紀念館王大閎特展開幕，吳清友與王大閎建築師（中）、陳邁建築師合影。

「夏雨先生一件作品都要花上好幾十年，我做一個小事業，虧錢虧了十五年又如何？」

依照吳清友的「阿Q」哲學，誠品虧錢的十五年裡，自己雖然是壓力最大的那個人，卻也是「所得」最多的一個。

「你的所得就是你的付出，這種所得不是財富、名聲，而是精神與心靈，而我也很享受付出的過程。一個人要做什麼是自己可以決定的，比如，你能決定要不要付出、付出多少、如何付出？但要獲得什麼是上天的決定。把這變成你的信仰，如此一來，比較不覺失落與遺憾，也較無所懼。」

熬過十五年賠錢歲月，「吳阿Q」的祕訣，就是有著一顆農夫的心。

走過一九八九年到二〇〇四年的五千多個日子，除了創辦人的心念之外，還有企業的未來觀。回頭檢視，誠品團隊做對了一件很重要的事——沒有因為虧損，就停止放眼未來。

07

# 缺與擴的兩難

## 水深才可渡輪

彼得．杜拉克說：「明日一定會來，而且會帶來改變，因此如果沒有為未來做些準備，就算再強大的公司也會身陷困境，喪失獨特性與領導地位。」

經營上，處於盈滿，投資未來理所當然；但已年年虧損，怎麼投資未來？這是缺與擴的兩難思考。

二〇〇〇年到二〇〇三年是誠品營運最辛苦的年代，可是她在二〇〇〇年投入一億元的前期資金，興建桃園南崁的誠品物流大樓，二〇〇一年正式啟用，誠品的網路書店也於那年正式上線。

不僅如此，為布局跨行業別、跨國和跨地域的營運發展，誠品於二〇〇三年前後共投入超過新台幣一億五千萬元，導入 SAP Is-Retail ERP（Enterprise Resource Planning，企業資源規劃），厚植多角化營運能力。由於當時全球並無像誠品這樣「書與非書」業種的ＥＲＰ導入案例，過程中失敗兩次，第三次終於在二〇〇五年八月成功上線，成為中港台零售業第一個ＳＡＰ成功案例。誠品總經理李介修回憶，其實從一九九八年起，吳清友就帶著團隊著手研究導入ＥＲＰ的可能性。

誠品資訊長王文杰正是那時協助誠品導入ＳＡＰ（ＥＲＰ龍頭大廠德國思愛普）的ＩＢＭ專案主管，為了突破前兩次的技術盲點，王文杰找來德國、澳洲的兩位技術專家支援。「當年德國人很驚訝地告訴我，他未曾在國外看到看過誠品這樣的經營形式。」王文杰後來於二〇一三年加入誠品團隊，在這之前，他在大陸工作，累積豐富的資訊國際化經驗，曾輔導海爾、聯想等大型客戶。

面對處於虧損，卻還是需要前進與創新的企業宿命，誠品在二十一世紀初對於未來的投資，聚焦在資訊科技。就像一座城市，要由平庸蛻變為先進，看重的不是櫛比鱗次的摩天大樓，而是基礎建設是否友善，城市環境是否以人為本。

## 夢想不能不切實際

誠品在辛苦營運的時代，建置資訊系統的腳步一路向前，當時甚至比其他零售業者來得更早，原因如下：

之一，誠品「書與非書」的複合特性，為了滿足同時存在於場域裡的多樣業種，如自營零售、專櫃招商、餐飲供應、餐旅設備、畫廊物流等，她必須擁有堅強的資訊實力。

之二，誠品當時展店超過四十家，為深化連鎖不複製的企業策略，必須要把能夠複製的作業程序標準化，讓團隊的心力與資源更聚焦於創意與創新。

之三，為了強化決策的深度，讓團隊能從數字旅程中，兼具理性與感性，探索更多的細節。而數據像是輸送組織日常運作與決策所需的氧氣。

吳清友在數據的掌握度與敏感度，尤其在估算營運數字上，與財務部門精算出來的結果八九不離十。誠品團隊的高階主管不約而同提到吳清友的數字思維，跟他開會時，一定要準備好相關數據。誠品團隊最常被吳清友問的一句話是：「你們的數據沒有在腦袋裡嗎？」

書店總店區督導周鈺庭形容，誠品內部討論非常重視數據指標，但吳清友看的數據不會只有單一來源，而是要他們參照時間序列，對比產業、異業等相關數據。員工們在報告時，一定要通透所有數據的邏輯與影響，將達成差異對比ＫＰＩ目標，並提出補缺或超前的行動計畫。

「老闆的夢想不是不切實際的，為了夢想，他知道要做什麼，為什麼要這樣做，很清楚知道誠品該踏出的每一步，化為細節的指標管理，不會只相信表象的數字。」周鈺庭說，吳清友很重視員工在決策過程中的思維。

最後，提早建置資訊系統是為了精進與創造未來的需求。表面上，資訊科技是協同作業，但真正的精神是要定位「To Be」（要成為什麼），檢視流程，建構新的營運模式，以因應現在及未來的產業規模。

一如大鵬展翅高飛需要翼下之風。雖然，在吳清友規劃的願景下，誠品團隊是在進行一項「人文、藝術、創意、生活」的希望工程，但在肉眼看不見的地方，需要一個「誠品資訊模型」（Eslite Information Modeling）的管理系統，讓數據與創意相互印證。如此，團隊多采多姿、熱鬧活力的提案想像力，才能在完全充足的資訊下，構成決策，以利支援行動方案，進而累積成最佳實務（Best Practice），形成團隊經驗，最後內化為品牌模式。

理工背景的吳清友深知，網路時代，創新與整合不能沒有資訊科技。如果用人文思維去思考企業資源運用，會發現，員工是企業最重要的發展原動力。因而企業必須透過不斷進化的資訊系統，分擔與提升經營管理效率與執行力，員工就可以節省資源於資訊科技可處理的工作，人才的生命力就能展現在更有價值的創新性、想像力與精進心上。

淺水足以泛舟，水深才可渡輪。組織或企業的成長，猶如小舟變大船，很多人只專注於造更大的船，卻忽略了水深也要蓄積，否則大船便會擱淺。

資訊系統不單是協助企業提升執行效率，更是從小舟轉變成大船的變革思維，然後才能形成組織智慧，成為出海的船隊，走上國際。事實證明，誠品的確從二〇一二年開始，跨出台灣展店，成為真正的國際品牌。

## 虧損的年代，布局未來

經營者要有未來觀，因為長期策略的支點由此開始，處於虧損，更需要經營者去衡量當下的投資是否能轉換為未來成長的必要養分。

吳清友從二〇〇〇年開始，一方面跟銀行貸款，另一方面調整經營品質，如處理呆帳存貨、進行供應鏈的風險控管。之後再關撤賠錢店面，增加企業現金流與還款能力，並投入物流中心、網路書店、ERP的建置。他深知，物流與資訊流是進入二十一世紀新經濟時代，誠品服務讀者的根脈。

當年的吳清友曾對員工說，新經濟與傳統經濟最大的不同是，傳統經濟在分析財務報表或評估企業價值時，著重在實體與財務資產。但像品牌、會員及資訊系統架構等資產價值，並未在資產負債表裡顯現。「誠品因為知性產業或知識經濟的發展，必須調整對企業價值和永續經營的概念，實際上這些投資不會馬上產生直接的獲利，而是藉由資訊科技整體的建置過程，深耕並強化組織資產、客戶資產、供應商資產的基礎與品質。」

從另一個角度來思考，如果誠品在虧損的年代，選擇不布局未來呢？

我們無法確認是否會如彼得．杜拉克說的「會身陷困境，喪失獨特性與領導地位」，但可以確定的是，誠品將錯失在二〇〇二年的物流顧問事業機會，以及二〇〇五年誠品信義的旗艦店型的可能性。

時速兩百多公里的高鐵北上列車，窗景像快轉的分鏡，行經桃園南崁時，一棟橘紅身、上部灰色，寫著「誠品物流」的建築物一閃而過。夜晚，字燈亮起清潤白光，它已在這裡屹立十五年了。

這棟樓地板面積七千八百坪的大樓最側邊是連結盤旋向上的雙向圓弧車道建築，作用是讓每層樓都能獨立且迅速進出貨。內部擁有自動高速分揀機、電子配貨線整廠輸送、貨件分流設備等自動化設備，以及誠品結合實務經驗，開發自有的物流資訊系統，能夠提供倉儲、理貨、流通加工、配送、退換貨、帳務等物流整合

誠品物流
eslite logistics
南工路
Nangung Rd
桃園
替代路線

服務[註1]，以便時時因應市場需求，確保物流與商流之間的「貨暢其流」。

因為投資得早，也成就誠品的物流顧問事業。

二〇〇二年一月，時任誠品物流協理的李介修跟著團隊到北京中國圖書商報會場參加研討會，那天有幾位誠品主管輪流上台，一人進行十五分鐘簡報。回台沒多久，李介修接到江西新華書店總經理涂華的來電。江西新華書店集團想從人工作業改為自動化物流中心，廠房都有了，需要專業團隊協助建置物流中心的營運設備與管理作業流程。涂華在北京那場研討會聽到李介修的簡報，想深入了解誠品物流中心的實務運作。

評估過幾家大型的專業物流業者，江西新華決定選擇誠品物流。二〇〇三年第二季，江西新華書店集團的物流中心正式上線。有了第一個成功案例，十多年來，誠品物流陸續協助北京、雲南、廣東等新華書店，建立現代化物流中心。其中，北京新華物流中心的規模更是高達三萬六千多坪。

也因為大陸物流顧問服務事業的發展，誠品與大陸圖書產業建立起十多年的關係，清楚在地出版模式，對於二〇一五年開幕的誠品生活蘇州有極大幫助。包括展店前的當地物流中心建置，以及總部連結台港陸三地的物流網絡，大幅縮短誠品在大陸建置供應鏈的學習時程。

誠品在二〇〇五年底，能以八個月的驚人籌備速度，開出從地下二樓到六樓，共一萬三千多坪，內含全台最大書店的信義店，物流中心扮演重要的後勤支援。

信義店是誠品跨入文創產業平台的開端，發展出書與非書的大型複合商場，也是誠品生活的風格起源地，讓誠品在大眾的心裡，不只是一家連鎖書店，而是一個真真切切的生活品牌。她開啟了誠品生活後續在香港、大陸的發展契機，亦成為誠品生活在台灣上市櫃的重要經營指標。

缺與擴之間的兩難，究竟應該如何抉擇？若因虧損而停止創新、布局未來，究竟是對還是錯？

唯一能肯定的，機會是留給積極爭取的人。

**註 1**

圖書產業特性是「一少七多一沒有」：少量、多樣、多頻率、多來源、多交易、多新品、多退貨、多庫存，沒有替代性，加上誠品跨足多種業態，很難套用其他成熟產業的物流資訊系統。例如誠品物流的自動分揀機就是專為少量多樣的產業特性設計，管理系統也細緻分類到新書出貨、退貨、補貨等不同使用情境。

# 08 面向世界的窗口

## 誠品信義店

從二〇〇五年跨越到二〇〇六年，當時還是張惠妹連趕高雄、桃園、台北三場跨年演唱會的年代。「十、九、八、七……二、一，新年快樂！」在一〇一的絢麗高空煙火為新的一年揭幕後，天后阿妹終於登場。鄰近的松高路上，零時三十分，優人神鼓敲下第一聲的壯闊鼓音，八層樓面積達一萬三千坪，內含台灣最大書店的誠品信義店正式開幕。當天，以二十四小時通宵營業，迎來二〇〇六年的第一個黎明。

誠品信義店讓一本三百元的書，與一個三十萬元的名牌包，並存於台北最昂貴的信義計畫區。直到二〇一七年，誠品信義店已經送走十一個跨年倒數，迎接第十二個元旦曙光，台北這座城市的東邊與西邊，各有人文閱讀特色。

## 串起台北的城東與城西

二〇〇四年底，誠品在西門町開出第三家店——武昌店。從西門捷運站六號出口一路向內，加上一九九七年開幕的誠品西門店、二〇〇二年開幕的誠品一一六，形成一個三角形誠品生活圈[註1]，誠品的人文風格融入了西門町街頭。

西區是老台北城的文化風華所在，發展年代較早，誠品像一位不受限的策展人，用實驗的前瞻思維，引進原創、潮牌、生活風格，為台北城西定義屬於當代年輕人的潮流風尚。他們來誠品閱讀，也來誠品找酷。

城市的東邊則不同了！信義計畫區是台北的曼哈頓，運轉的是商業氣息、尖端時尚，企業總部與百貨公司是此區的標準配備。十一年前的誠品，還像一位慣穿簡約色系的文青，任誰也無法把她與繽紛的、華麗的、炫目的國際時尚伸展台聯想在一起。

**註 1**
誠品 116 在二〇〇二年開幕，是誠品第一棟純商場的分店，二〇一五年十二月因租約到期，結束營業。

吳清友看到的卻是，信義計畫區太過同質發展的經濟資本，缺乏多元豐富的人文資本。

「從市民的角度來看，台北具備了發展閱讀開闊度的可能性，我們應該去嘗試提供更大的閱讀平台。書店在不同世紀裡，要扮演開創性的角色，為台灣未來願景孕育新的價值。」

二〇〇四年二月，國際連鎖外文書店Page One進駐一〇一，以外文書籍、精品文具為銷售主力，占地七百多坪，引起轟動註2。Page One 的到來，讓吳清友更覺得誠品應該在信義計畫區實踐理想。

那年三月，在誠品的十五週年慶上，吳清友跟團隊說：「兩年後，希望能在信義區開設超過兩千坪的超級旗艦書店。」當時沒人料到，老闆隔年竟真的說到做到，而且面積遠超出他期許的七倍。

不過在此之前，美國 *Time* 雜誌好像有先見之明，二〇〇四年 *Time* 雜誌亞洲版公布全球旅客到亞洲的最棒選擇，將誠品選為「亞洲之最」的最佳書店：「誠品不但藏書豐富，店裡播放古典音樂營造出來的輕鬆氣氛，讓半夜買書的讀者在不知不覺中就待到天亮了。」

## 立足信義區

二〇〇五年，上天給了誠品一個千載難逢的機會。

坐落在松高路十一號的統一國際大樓商場，原是日本高島屋百貨的預定地。裝修工程正如火如荼進行時，日本總部因故中止這項投資計畫。消息一出，多家大型百貨業者紛紛向統一表達經營商場的意願。吳清友也想爭取，火速召集女兒吳旻潔（時任父親的特助），以及書店與商場企畫團隊，主持腦力激盪會議。

誠品團隊想像，誠品商場應該是多元風格的生活劇場。當時的會議紀錄寫著：

「現代商場，不再是貨架的閱兵列隊集合，而更像是多種生活式樣的劇場。商品依照著一種生活的哲學、美感的情調，呼應著城市消費者的分眾希望和救贖，在

**註** 2
Page One 書店於二〇一二年縮減經營面積，二〇一五年撤出台灣市場。

商場的空間中相互結盟、開啟各式各樣的對話。上升的電扶梯，可以是單純的移動工具，也可以是商品神聖感受的創造者；螺旋的捲梯，如果緩行端詳，更可是商品市集的『環狀視野觀景台』；商場裡也可以有各種『光牆』的視覺看板，有不同『巷弄』的中介空間，有『書／商品』、『酒／商品』、『歷史／商品』、『旅行／商品』、『慶典／商品』的多媒介事件發生所。空間，生產『經驗』與『感受』，如同書生產『夢』與『嚮往』。再一次仔細端詳：誠品商場是生活的劇場而非賣場，來自它動心揣摩空間的想像，來自它讓空間演奏與說話的願望。」

短短幾天內，團隊提出「閱讀與生活的博物館」企畫，由吳清友親自帶著吳旻潔向統一集團提案。會議上，統一集團旗下事業及台南幫相關企業等多家代表均出席聽取簡報。

經過多次會議來回討論，最後董事長高清愿拍板定案，由誠品取得大樓商場經營權，跌破外界眼鏡。雙方於五月正式簽約，預定在二〇〇六年的跨年倒數計時前，開出誠品信義店。

簽約之後，新的挑戰才要開始。

鄰近的新光三越，由四棟百貨公司連接起來，專櫃品牌應有盡有；平行的兩個街口外，是那時全球最高的一〇一購物中心，其他還有如紐約紐約購物中心（現Att 4 fun）、Neo19等商場。

不僅如此，誠品團隊還要挑戰在八個月內，從室內設計、平面配置、招商簽約、裝修工程、行銷活動、展演規劃……完成整體開幕的「極地型」任務。招商過程，誠品團隊持續遭遇窘境。最有時尚地位的國際名牌都已進駐周邊大型百貨，另一方面，不少品牌基於同商圈考量，當時亦無法進駐誠品。

在信義計畫區的國際時尚伸展台上，準備初次登台的誠品，該如何創造自己的主秀？

## 把人文關懷化為時尚發語權

誠品選擇走一條獨特的路，在商業精華區裡，她跳脫大眾熟知的精品，引進少見，但更具設計感的國際時尚品牌、個人設計師作品。當時在台灣還算陌生，但已在國外流行的複合品牌精選店（Select shop）也引進誠品信義店，創造店中店的風景。

誠品與台灣原創時尚結緣甚早，不少台灣時尚設計師選擇在誠品舉辦服裝發表會。像溫慶珠就曾在天母中山店露天後院，舉辦秋冬作品發表會；台灣雙人組設計師竇騰璜與張李玉菁，第一場服裝發表會也是在誠品敦南的藝文空間。

同時，延伸誠品選書的價值觀，挖掘獨特生活風格的創意品牌。例如原本在有機店寄賣的阿原肥皂進駐誠品，設立專櫃。其在誠品特有的人文氛圍裡，知名度大開。

八個月內，誠品各事業部總動員，從無到有，展現強大執行力，創作閱讀、空間與時尚的合夥關係，開出從地下兩層到地上六層接近一萬四千坪的誠品信義店。

B2是誠品美食、B1為誠品流行、一樓為誠品視界、二樓是誠品設計與新書、雜誌、暢榜、精品文具館等新思潮孕育之地；三樓書店涵括了文學、人文、藝術、商業、音樂等各種主題館；四樓是誠品風尚，全台最大的誠品風格文具館也坐落於此；五樓是誠品生活，包含誠品畫廊與誠品兒童書店；六樓是誠品文化，有展演廳、視聽室以及主題餐廳，並提前在二〇〇五年十二月十六日試營運，創下三天內營業額達五千萬的紀錄。

吳清友認為，文化基因必須是從容的。誠品要形塑出人文、藝術的氛圍，讓匆忙的都市人能夠沉澱，自然感受到從容。

面向松智路的玻璃大牆上有藍、紅、金、綠四層的色彩區塊，是誠品對這座城市的祝福心意。寶藍與翠綠代表藍天綠地，紅色是華人喜氣平安的象徵，特別的是，金色那一面玻璃牆書寫上吉祥珍貴的《般若波羅蜜多心經》，祈求國泰民安。

入口的商業空間保留給「從容」，從城市街道步入信義誠品，規劃了咖啡館、花店，是從匆匆到從容的緩衝空間。

大門的中庭是藝文活動、展覽，誠品第一次發起全台募書活動，兩百多位志工，在這裡完成一萬兩千本舊書的理書、裝箱。後來因募書規模擴大，移師桃園的誠品物流中心一樓。



## 樓層是書名，櫃位是篇章

置身大都會的商業中心，誠品吸引了一群粉絲，在風格年代裡，經營一種多元的生活風格、一種蘊含的人文美學、一種文化的時尚櫥窗。她用閱讀的眼光來規劃每一層樓，樓層是書名，書櫃與專櫃如同篇章，呼應著書名。

不同於其他百貨公司、購物中心一樓是國際精品、女鞋與化妝品專櫃，誠品則以「家、生活、設計」為創作的主題。沿著黑色吊燈下的主走道前進，軟厚地毯吸納了鞋跟落地聲。空間具親人的視覺穿透性，又保有易於遊逛的樂趣。一樓，可以看到獨立設計師服飾、風格品牌，也有生活家飾、時尚配件、花店。正因為是以「讀者」作為群聚的中心點，思考想遊逛「這本書（樓層）」的讀者，會需要什麼？想望什麼？並將這思考精神滲入每一處氛圍。

地下二樓的美食街充滿文化與溫暖的氣息。復古馬賽克與大理石呈現台灣情調，搭配大理石圓桌與木質長桌，以及桌面設置檯燈的座位，這是屬於誠品式的優雅用餐方式——可以安靜獨食，也歡迎共桌。

原先的主題書區來到高達三千坪的信義誠品書店，變成了一個個的主題館。共有三十萬個書目、一百萬冊書籍，閱讀的開闊度在全台最大書店裡展露無遺，優雅綻放獨特的人文氣息。

身處商業精華區，信義店的文學類書籍銷售量表現依然亮眼。文學館不只是擺放書籍，同時流動著文學氛圍，古典的大圓頂天花板下，是書店團隊時時用心策展的主題。作家從書封上的名字幻化為現場的真實圖像，書中的智慧之語變成牆上最美的文字。

空間設計上用心呼應台灣特色。早年住家、公共場所、寺廟會使用的磨石子也融入空間，如二樓書店地板是淺灰色調磨石子地坪配上銀鋁線嵌，再透過環形動線，呼應著新知、設計氛圍。三樓書店是以金銅嵌條分隔深灰磨石子地板，呈現質感沉穩的主題式閱讀，動線是穿透一道道「ㄇ」形拱門，任讀者探索。

誠品的燈光是一種若即若離的輕柔存在，大量使用間接光源，以及不喧譁的主燈，典雅別致的檯燈，端坐於書櫃之間，或在大平桌上兩兩相望，不僅是照明，更是氛圍。

## 心靈的過境之地

因著信義計畫區的國際化，誠品信義店被定位為面向世界的窗口。她是屬於國際舞台的閱讀空間，服務來自世界各地的讀者，大部分樓層都規劃寄物櫃，讓讀者可以輕鬆遊逛。誠品在這裡面對聯合國樣態的眾生，十一年來，她亦隨著無國界的讀者而變化，以更豐富多樣的書展、活動策畫和市集概念，凸顯風格社會的意涵——閱讀是豐饒的，生活更是一場饗宴。

如今，信義誠品已經是國際觀光客來台的必訪之地。步入她的場域，感受著她的場所精神，身旁的讀者不再只是這座城市的居住者，不少人是「國際」過境者。目前，店內的消費族群超過兩成是外國人士，二樓客服中心近年也成為台北的另一個旅遊服務中心。外國讀者常詢問台北著名景點、美食去處，客服信箱也經常收到國外讀者來信預訂書籍、諮詢書店與旅遊路線。

信義店是誠品品牌力量被國際認可的重要轉捩點——她成功讓一座城市裡最昂貴的精華商業區，能夠容納大規模書店的存在。某種層面，象徵著城市文明的再進化，以及城市人心底深處渴望的那一塊能夠「重新出發」的過境之地，也是商業精華區裡需要的心靈烏托邦。

心靈烏托邦寄寓著城市人心中什麼樣的期待？也許就如誠品信義店滿兩週年時發起的「許一個二〇〇八的願望，在最接近夢想的地方」許願活動。那時誠品選了「平安」、「和平」、「放心」、「勇氣」、「健康」、「自由」、「歡喜」與「慈悲」等八個願望，邀請讀者為來年許願，期盼匯聚眾人祝福，將溫暖分享出去：

許願平安：愛身邊的人，愛自己
許願和平：愛遠方的人，愛世界
許願放心：每一天生活，都淋漓盡致
許願勇氣：每一次恐懼，都走向真理

許願健康：健康是前提，是夢想穩定的弓
許願自由：自由是判準，是夢想飛翔的箭
許願歡喜：花時間笑，因為靈魂在歡喜中移動
許願慈悲：讓世界笑，因為宇宙在慈悲中靜息
許願二〇〇八，祝福與分享，希望與夢想，誠品與您一起飛翔

許願活動更邀請書法家董陽孜與作家楊照擔任評選人，選出八位讀者，由誠品信義店協助他們夢想成真。

被譽為二十世紀最具影響力建築大師之一的建築詩哲路易・康（Louis Kahn）有句名言：「磚塊想成為什麼？它想成為一個更偉大的東西啊！」這正是誠品的寫照，她想成為什麼？

誠品，想成為每人心靈深處渴望的那塊過境之地——讓身心安頓，心靈停泊。如同吳清友說的：「城市最珍貴的資產是人，我們知道每人每天會遭遇不同的大小事，千萬的心靈會有億萬種心情，碰上百萬本書籍，那是無限的能量撞擊！」

## ■ 吳清友致同仁

### 將心比心的服務

各位同仁好！

上週五下午我到信義店二樓 Café 小坐，鄰桌坐了一對年長的老夫婦，看上去有八十多歲，面容慈藹，很容易讓人想起家中的長輩。我觀察店內服務同仁直挺的站在桌邊，老夫婦必須抬高頭點餐，點A餐，服務同仁語氣平淡的說：「A餐點沒有了……」點B餐，同仁又說：「B餐點也沒有……」待老夫婦終於點妥餐點後，同仁又要他們自行去前面冷藏櫃挑選蛋糕……，之間沒聽到同仁說一句「對不起」和一句「請」。

此時，我對同仁的服務態度感到十分汗顏，忍不住起身。先私下糾正 Café 同仁改進服務態度，再折回現場彎下身，雙手分別握著老夫婦的手，為同仁剛才的不周到向他們道歉，懇請他們見諒，並請老夫婦接受誠品招待，以表歉意！離開信義店二樓 Café 後，我內心仍許久未能平靜。

「好的服務」應該是待客如親、是體貼入微、是將心比心，是以專業與關懷提供顧客滿意的服務。以上述老夫婦為例，Café 同仁應該體恤年長者，主動彎下腰或蹲坐著讓視線與他們同高、對於無法提供的餐點，表達歉意並主動介紹適合的品項、將冰櫃中的蛋糕拿到座位旁請老夫婦挑選……等。對同仁而言不過是舉手之勞，但我相信他們獲得這樣的服務，感受一定大不相同。

我曾說：「在誠品空間裡，萬千的生命容顏都曾深深觸動著我，我看見『最可愛的表情、最親切的眼神、最自在的容顏、最溫暖的關懷、最優雅的身影、最從容的心情及最友善的祝福……』千萬個心靈、億萬種心情，與人為善的正面能量，因為有他們，誠品才能展現獨具一格的人文風景。」

誠品的理念與服務價值觀，仰賴全體同仁的共同努力，多用一點心，多一些關懷，落實誠品款待人、款待心，以「人」為終極關懷的心念，與全體同仁共勉之！

吳先生

二〇一六、八、十七

# 09 女兒的決心

與成長於台灣的學生一樣，在世界還沒全面連網時，誠品是餵養吳旻潔知識與風格的重要場所。她至今都記得，大學時在誠品忠誠店，吆喝朋友一起買了八百八十元與一千兩百八十元的T恤，那是她人生第一次購置超過千元的新衣服。她從沒想過，有一天自己會成為誠品副董事長、誠品生活總經理。

曾有位高人預言，未來接下吳清友事業的會是女兒，當時吳清友一笑置之。他尊重女兒的志趣，也不想孩子因環境較佳而嬌生慣養。就像一般中產家庭，吳家兄妹從小就讀公立小學與中學，大學也是公車一族，比一般人多出的享受就是父親會帶他們出國看美術館。

吳旻潔在外低調，很少人知道她的父親就是誠品創辦人吳清友。剛從英國念完碩士回台，她到英文報社當記者，由於文建會是她負責的採訪線，有天從父親口中得知當時文建會主委陳郁秀要來家裡作客，她還刻意迴避，那天特別晚回家。

做了英文日報記者後，她發現自己不太喜歡花很多時間與心血寫作與確認文法的英文報導，賞味期限只有一天，隔天就「過期」了。吳清友得知她辭職後，希望幫她介紹熟識的媒體和友人，都被她婉拒。吳旻潔雖然是家中小女兒，卻非常有自己的定見，不願意依賴父親的資源謀職，又不想每次都辜負父親的好意，迷惘之下，浮現了出國進修第二個碩士的念頭。

## 出國變成進誠品

收到英國學校的錄取通知後，吳旻潔跟父親約在敦南店二樓咖啡館，向他「報告」預計出國的時程。

吳清友安安靜靜聽完後，僅對她說：「妳要答應我一個條件。」

吳旻潔內心響起警鐘，瞬間閃過「你們商人就是這樣，凡事都要談條件」的念頭，頓時變得防備，有如遇上危機的刺蝟。

「妳要記得，人在三十歲之前，能從容的生活是很難得的，妳不用太認真念書，也不要擔心錢，應該多利用在英國的時間，到歐洲各地去旅遊。」吳清友緩緩說出他的「條件」。

吳旻潔當場愣住了，父親竟然請自己去過更悠哉、快樂的日子！豎起刺後，發現根本無戰事，她努力想忍住自己的錯愕和羞愧。

「妳想要的全都得到了，妳就可以全拿嗎？」這是她心中浮現的第一個反應。她有些手足無措，為了轉移尷尬的情緒，便胡亂擠出：「啊你咧，你的公司最近好嗎？」

「一樣啊！」吳清友淡淡回答。

「不然，我進去你公司試試看好了！」不知為何，吳旻潔突然冒出這句話。

其實在這場父女談話之前，她沙盤推演的是要父親答應她出國，根本沒計畫要進誠品。她回憶：「有時候，人很奇怪。你一直追逐的事物，在得到的那一剎那，你才會明白自己是否真的想要它。如果一直沒能得到，也許就會永遠失落或持續埋頭苦追吧！」得到的當下，吳旻潔才知道自己並非真的想要再出國進修。

「我是二〇〇四年四月二十六日進誠品，一去就參加當月的經管會，才過三個月，我就了解到自己不可能短期內離開了！太多東西聽不懂，也不了解許多事物之間的關聯性。剛開始，我連SP（促銷）代表什麼都不知道，只能聽懂老闆為什麼成立誠品、誠品是什麼。」

一開始，她擔任總經理特助，跟在父親身邊學習，學習財務概念，參與集團的重大提案。父親也帶她去認識他的人脈，她看著父親在銀行與股東面前如何表述誠品，說服他們繼續支持，以及如何與房東溝通降租的可能性，覺得父親很像超人，前一刻化身營業主管，大談市場規劃與未來願景。轉身後，又變成財務主管，條理剖析營運數字。

## 當父親的代理人

特助生涯剛滿兩年半，二十八歲的她就被迫「瞬間」變強大，幫父親代班，分擔集團正常營運的重責。

二〇〇六年，信義大店開出，眾人歡欣之餘，危機悄然來襲。

那是十月初的台北，夜晚才有秋意。吳旻潔與父親從國家音樂廳走出來，耳畔還留著音樂會終曲如雷的掌聲。忽然聽見父親淡淡的說：「Mercy（吳旻潔的英文名），我做了一些檢查，醫生說必須要動手術，明天起我就不進辦公室了，由妳暫代職務。」

「啊？」她錯愕的望向父親，心想這「秒差」也太大了吧！上一秒還沉醉在音樂會的意猶未盡，下一秒就變成父親告知要動手術的消息。

吳旻潔有預感，父親這次的手術絕對不像他語氣裡的淡然自若。

她的直覺並沒有錯。這次因為主動脈剝離的裂縫過大，無法用傳統的方法開刀。新光醫院院長洪啟仁、主治醫師林佳勳、台大醫院院長林芳郁與日本、美國、香港幾位國際權威教授來往聯繫近兩個月，評估過數種手術風險。決定讓吳清友到香港的瑪麗皇后醫院，接受台灣當時尚未開放，一種內外科整合的治療手術。

吳清友與家人按照醫院規定時間，飛往香港辦理住院和手術程序。

頭幾天是醫療團隊進行身體檢查與評估手術狀況，他還能跟家人朋友一起外出。所有人包括吳清友在內，每個人都盡量想讓氣氛輕鬆，彷若吳清友只是來香港動個小手術，無須杞人憂天。一位朋友還特地帶他去聽樂團現場演唱，當場點了幾首英文老歌，起鬨要吳清友上台。他也應「觀眾」要求，開口高歌。手術前一天，全家人還到每次造訪香港都會去的太古廣場廣東菜館用餐，像平日那樣閒話家常。

回到病房，身處異地，明日又是重大手術，即便像吳清友這麼樂觀的人，面對生死未卜的命運，心緒亦難免紛雜不安。

他拿起病床邊桌的兩本經書，一本是太太準備的《金剛經》，一本是女兒手抄的《大悲咒》，突然間，心裡浮現既然要承受不如就多承受點的念頭：「這世界其實沒有人有資格說，貧困不該歸我，病痛不該歸我，苦難不該歸我！」說也奇怪，此念一出，連日忐忑的心如同輕輕被安放在雲朵上，奇異地放緩下來。

手術結束後的七十二小時，吳清友才甦醒。還經歷一段意識不清的時間，人變得很「番」（台語），一直認為還要再開一次刀，不斷跟家人說，他不要再開刀了！就連醫師跟他說，不用再開刀，他依然覺得，那只是醫師安撫他的話。在家人與醫師的再三保證下，吳清友才逐漸相信手術已順利完成。為了測試術後長久麻醉的四肢反應，醫師在檢查他的身體功能後，太太拿出紙筆，請吳清友寫字。

全部的人屏息以待，畢竟他昏迷了整整三天。

只見，他在白紙正中央，一筆一畫，緩緩寫出「誠」……「品」……「萬」……「歲」四個大字。太太一看，幽默的說：「不用擔心了，他沒變，是原來的吳清友，沒事了、沒事了！」

確認父親平安之後，吳旻潔才放下心中的大石，從香港飛回台北，專心上班。吳清友術後需要長時間休養，一直到能進公司處理事務，吳旻潔已代理六個月了。

這段期間，她才真正了解到，父親獨自承受了許多財務壓力，卻不讓誠品團隊跟他一起擔心。

她第一次擔任公司借款的保證人時，心情十分沉重，看著八位數字的金額，心想萬一有什麼差錯，以她的薪水要多少年才還得起啊？硬著頭皮簽名時，忍不住嘟囔：「老闆，你為什麼做誠品做到這樣，還得把自己的女兒搞到要去作保？」

這對吳旻潔個人的金錢觀是很大的衝擊，從小，她不會花超過所能負擔的錢。小學五年級，老師出了一篇「如何使用壓歲錢」的作文題目，她在文章裡寫到，自己會分成「存、濟、賞、用、生」五種用途，五分之二的錢存起來，五分之二用於救濟，剩下的五分之一再分成三份：裱框欣賞、平日花用以及投資生息。從她開始賺錢後，每個月都會存錢，固定比例捐出去，錢包裡，每張紙鈔都整整齊齊朝向同一面放好。

身為職務代理人，她得代簽公司傳票，當時看到那些金額，每每簽得提心吊膽。吳旻潔的優點就是很肯開口問。每簽一張傳票，只要看不懂，她就會問財務。簽多了，開始看懂營運細節，問題不再是「這是什麼」，而是「為什麼」。

例如，她發現一家店只續租五年，卻編幾千萬的外牆預算，分擔成本後，又是一家不賺錢的店，開始追問原因，思考如何減少過高的資本支出；同屬一個事業群，店務行政卻各自作業，資源也不共享。當年她為了整合商場和書店的營運支出，請同事重新統購訪價，譬如將店務清潔工作統一交由同一家清潔保養廠商負責以降低成本，還惹得一些高階主管和廠商不太高興，認為挑戰他們的專業。

## 從矛盾中尋找平衡

在代理職務之前，因為擔任總經理特助，她算是清楚組織內部的問題，「當時我只知道問題，卻沒有專業能力去解決。」她指的問題是，書店、商場和後勤單位存在的矛盾情結。

誠品一直是以書店與商場的複合形式存在，吳旻潔曾問父親：「為什麼要經營商場？」吳清友向她解釋，只有書店，誠品很難生存。多年來，誠品商場一直是獨立事業部門，依循專業商場的管理系統與制度，不論是人才、資源，甚至 email 等聯繫方式，與書店體系皆不相通。長年累月，書店與商場各自為政，還有深重的文人與商人情結。

「當年，書店同事覺得商場唯利是圖，商場的同事卻覺得為什麼要賺錢給書店花，兩邊平常是不交流的。」吳旻潔說，書店與商場各自獨立作業，店內行銷也不同調，無法充分發揮誠品「書與非書」融合相生的模式，存在許多可改善與協調的空間。

「以前的商場定位比較像是為了減少書店虧損而存在，兩邊各有樓管，只負責各自所屬區域的事。但發生問題時，其實是整家店都有關聯，不會只是單區負責就能完善解決的。」誠品生活營運開發協理林家賢回憶。

並且，書店與商場各有招商團隊，有時不免因為想爭取同一個品牌，形成位處同一場域，卻對外提供兩種條件，被廠商各個擊破的狀況。比如，曾有一段時間，敦南店的一樓專櫃是屬於書店，G樓則由商場負責，在未整合前，品牌商可以分別跟兩邊洽談，形成內部惡性競爭。

吳旻潔覺得問題的源頭在於未能資源整合，因而當父親問她代理職務的感想，她說出了思考數月的想法：「我覺得書店的專櫃與商場的通路需要整合。」

她的建議，是牽涉組織變革層面的重大議題。

經歷了幾乎要丟掉性命的三次病發，吳清友平心而論：「假使我的生命裡沒有這個病痛，我的人生應該是無趣的，也不太可能有一點小智慧，我稱它為上天的禮物、生命的必修。」大劫歸來，他更加惜緣，覺得能活著就是莫大的感恩，「生命是無常的，人是無明的，我深信一切都是因緣，沒什麼好遺憾、好驕傲的，只想誠懇的活著。」他自覺這樣的心境變化，以管理的現實面來說，不一定是好事，有可能會愈來愈不適任經營者的角色。

## 組織的難題

二〇〇七年九月，吳清友決定讓吳旻潔擔任整合書店與商場的工作，派任她為誠品執行副總，讓她與團隊負責執行轉型的重大專案，包含組織整合、供應鏈改革等。

「如果我做的不好，請你把我換掉，我不想當一個不能下台的副總。」當吳清友跟吳旻潔提及要她接任執行副總的想法時，她脫口而出對父親說。

真正深入商場營運後，等待吳旻潔的是一連串的組織難題，如管理浮現弊端、員工人心浮動、團隊核心價值不足……「就像挖開樹根，才發現很多地方已經開始腐爛。」她於是明瞭，誠品即便已轉虧為盈，真正重要的是書店、商場經營本業的獲利能力，最大的挑戰是要找到永續經營的營運模式，同時解決內部成本管控的問題，讓集團資源發揮綜效。

表面上，誠品從二〇〇四年就開始獲利，二〇〇六年開幕的信義店也獲得前所未有的成功。但深入探究，二〇〇四年獲利是因誠品敦南店表現突出，二〇〇五到二〇〇七年獲利主因則來自於誠品畫廊的藝術品收入，以及誠品物流大樓進行不動產投資信託（REITs）的業外收益。

二〇〇七年底，原誠品書店執行副總廖美立告別誠品，有些老誠品人也陸續離職。一時之間眾說紛紜，外界解讀為書店與商場之爭，被吳清友派任管理商場部門的吳旻潔甚至被當成主因。「我是一個原因，但不是全部，」吳旻潔說。

實情是，書店每年都被股東挑戰無法達成設定目標，且有巨大落差，銀行也希望誠品能靠本業營運獲利，而非業外收益。過去，吳清友對商場員工的績效數字嚴格以待，但對書店員工卻極為浪漫，不太過問細節。二〇〇六年後，為了健全整體經營體質，他開始要求書店要浪漫與精明並重。

「以前不用說明的事項，後來都要清楚條列，老闆也開始挑戰書店怎麼這樣花錢？這種要求以前只針對商場的同事，十多年後，突然也對書店同事這樣說，他們很震撼。某種程度歸因於我，但實話是誠品若要有未來，就不能再這樣賠錢下去了！」吳旻潔剖析，即使是穩健經營的誠品，也不應該採用當年那種花費資本支出的方式。

吳旻潔從總經理特助變成執行副總，在商場營運的專業上，由現任通路發展事業群執行副總經理歐正基協助，讓她盡快進入狀況。書店業務則由熟悉書店營運規劃的林婉如擔任她的特助。林婉如一九九一年進入誠品書店工作，後來出國念書，畢業後又回到誠品，現為通路事業群副總經理。

從沒受過商學與管理訓練的吳旻潔，在擔任特助的前三年，只能算是聽得懂名詞。深入後，那些專櫃的業績、毛利、坪效等才開始在她眼前展演意義。她還記得，第一次開店務會議就開了四個多小時，每個專櫃她都仔細詳問，希望弄懂每個數字的意義。

過去擔任幕僚時，她常覺得父親思量過久，有時又會反覆。等到自己開始做決策，才了解就算事情再明白不過，還是有很多層面需要顧及。比如，這麼做會不會影響到團隊士氣？做了這個決策，後續會有何影響？「當特助時不會想那麼多，果真是不在其位，不擔其責，不懂其感受。」

## 第二代的決心

沒進入誠品之前，吳旻潔已經能從母親的反應感覺到父親經營誠品的壓力。

小學六年級的某一天，她參加暑期營隊，傍晚興高采烈回到家，發現整個家裡沒開燈黑漆漆的。她以為沒人在家，背著包包上樓回房時，在二樓的佛堂見到母親獨坐暮色中，神情凝重。

吳旻潔嚇了一跳，問：「媽媽，妳在家啊，天都黑了，怎麼不開燈？我幫妳開哦！」媽媽招手要她過來，交代她：「妹妹，爸爸沒幫你們想，媽媽都幫你們想好了，媽媽幫妳跟哥哥買了保險，等到妳三十歲的時候……，四十歲的時候……，」洪肅賢細數給女兒聽，讓她知道有哪些保障、幾歲時可領多少。當時她不懂，只感覺媽媽心中彷彿有說不出的哀戚。長大後，她才恍然大悟，誠品的長年虧損讓作為母親的洪肅賢心裡極度煩惱，天天操心先生的身體以及子女的未來。

雖然吳旻潔不是很清楚父親公司的狀況，但上大學後，自己接了許多家教。在英國留學放假回台灣時，請媽媽帶她去台北後火車站批發民族風衣飾，扛了兩大皮箱到英國，利用週末去擺創意市集。她的三伯吳清河回憶，那時跟太太去英國探望吳旻潔，心疼她因為一人擺攤，不敢丟下攤位去洗手間，只得長時間憋尿。吳旻潔卻笑著跟他們分享，萬一忍不住，如何快速收拾，把東西全揹在身上去洗手間的方法。

「進來公司之後，我才知道誠品虧損這麼多。」吳旻潔印象深刻，二〇〇四年底，吳清友看到財務年度結算報表，把她叫進辦公室。「Mercy，妳去找 Sophia（當時的財務主管黃惠美）確認這數字正確嗎？今年是真的賺錢嗎？該提列的費用全提列了嗎？」

進公司不到一年，還在摸索學習的吳旻潔，納悶看著表情驚訝的董事長兼總經理老爸，心想：「賺錢有這麼奇怪嗎？」

誠品要獲利的這一路走來顛簸，吳清友看了近十五年的財報赤字已成慣性，突然見到盈餘，不反覆確認難以置信。也許，最開心的人還有吳清友的司機。吳清友曾發願，誠品不獲利，就不換新車。當時那部寶藍色老賓士車竟已開了十八年。

回想有一次，吳旻潔和父親對一位公司監察人報告財務數據時，對方提問：「誠品營收做到七、八十億還不能獲利，這是規模經濟的問題嗎？這個營運模式出了什麼問題？」她認為這個問題一針見血，「這個行業雖不好做，但正常情況下仍然不該虧損這麼久，在成本管控與展店策略上，我們應該更精進！」

因而，吳旻潔沒辦法不去正視公司的財務狀況與營運資金，她心中存在著一個她稱之為「好強」的想法：「我沒有經歷過前面十五年的賠錢，我不希望用賠錢來證明經營的理念！」她暗自下了決心要讓誠品不再承受虧損之苦，甚至跟父親說：「我沒有你的人脈，沒人可以借錢，所以我會想的很實際，我們要盡量讓公司的資金充裕。」

作為第二代，她的任務是承載誠品原有的能量，承先啟後，注入創意，整合資源，帶領團隊平衡浪漫與精明的天秤兩端。她甚至必須比父親精明，因為精明，才能讓創辦人的浪漫得以有永續的可能——使歷經十五年才轉虧為盈的誠品，能夠持續走在「生命應該在事業之上，心念應該在能力之上」的路。

二〇〇四那年，她進入誠品工作半年之後，將在父親身旁學習的所見所聞，寫成報告：

「對於一個年輕生命如我，選擇加入誠品或是另闢蹊徑，竟然也尋尋覓覓左思右想了七、八年。初步踏上這個築基十五年的平台，在發現腳下的工程還尚待補強的同時，感到震懾的，卻是呈現於眼前的壯麗景觀——遠近深淺，交疊出一片綿延不絕的好景。誠品是什麼？這個問題在這七、八年的觀望尋覓中，答案一直在變，唯一不變的，也是最終令我無法抗拒的，是誠品能夠與人為善的特質與機會。與人為善其實很單純，一些正面的溫暖的鼓勵，一些自由的快樂的啟發，一些可以撫平悲傷、沉澱心情、寧靜自我來多了解生活的機會，都是與人為善。在這一點誠品的特別之處，是不論很深刻的與少數人，或是很廣泛的與許多人，這樣的互動，它都深具潛力。」

那時，吳旻潔寫下誠品的近景是「今後誠品所要看待自己的方式，將不再以『書店』為自我定位，而是要以『文化創意產業』為主軸思維，強化品牌經營，多角化發展」；誠品的遠景是「有朝一日，當誠品真的走向華人世界的時候，它也要扮演台灣與華人世界向國際發聲、與國際交流合作的橋樑，以文化消弭衝突，建立對彼此的了解……也許到時候，誠品便不僅僅是以文化創意產業的定位來看待自己，而是要再結合教育或傳媒的功能，與更多的人民互動，當一面鏡子讓人有機會可以探索自己、觀察別人，促成更多對於世界的了解。然後，如果有人因此得到了一些和解（自己和自己的、自己和別人的、自己和世界的），那麼大家至少可以在這個充滿痛、苦的世界裡，一同分享一點點幸福的滋味。」

她所描繪的遠近景，彷彿為誠品的未來揭開了序幕，誠品從二〇〇七年開始進行組織變革，尋求穩健的經營體質，也誕生了以全球華人文創平台為發展主軸的「誠品生活」新品牌。

# 女兒給父親的信

Dear 老爸：

去參加誠品的年度會議，我有很大的收穫，當我翻開《誠品閱讀》，看見以前圓環邊的敦南誠品，一種很奇妙的震動在心裡顛伏了一下。我回憶起走入那間誠品的感受，還觸摸得出在那個氛圍中書的體溫，感覺得出行走在走廊、階梯、書櫃及行人間的曾相識，突然很感謝有這樣的書店陪我長大，也很感謝它的韌力及幸運，更感謝上天的厚愛與眷顧。你與這麼多令人敬佩的人們竟然就這樣走過來了。十年，你所經歷的是我這麼簡單的心靈太難想像的……。

會議後的那番話[註1]，如果你企圖傳達十分，我真的收應到了九分九。一步一腳印這五個字蘊含了太多東西，您真的是一位具有領袖風範的人，

**註 1**

那場會議是誠品十週年的內部會議，吳清友邀當時仍在學中的吳旻潔參加見習。會議結束之後，吳清友有感而發，對在場的主管感性「告解」：

「十年來，我還是住在同一間房子，開著同一部車子，穿著同樣的白襯衫與卡其褲，晚上加班後，同樣在大直路邊吃碗米粉湯。十年了！那些數據都是表象的顯性形式。但於我而言，內心智慧是否增長其實是最重要的功課。我自覺十年來心智並無太多成長，真是慚愧！這是我必須要再精進之處，期許與誠品夥伴們互相勉勵。」

這種特質有時是無法準備和培養的，他與一個人的真實人格相關。因為真誠、因為執著、因為踏實，因為有如此美好的理想敦促，更因為您能夠不畏懼認錯。這是我昨日，再度深刻學到的寶貴的一課：唯有對自己誠實，才能夠公開、坦然的承認自己的失敗與不足。光是憑藉這份勇敢與氣度，就讓我願意追隨，也許這正是因為您不甘於停留在人生的某一個階段便裹足不前，於是，願意喜悅的將問題視為成長的契機。在此祝福您順心如意，也但願我們，不論走在哪條道路上，都能夠看得清楚，不迷失自己。

小女　旻潔　敬上

一九九九年十二月九日晨

# 10 永遠的 Belief

## 閱讀不能失落

誠品開始組織變革的那一年，世界的未來正在翻轉。二〇〇七年，蘋果發表第一代 iPhone，宣告智慧型手機時代來臨；YouTube 影音分享網站推出全球在地化服務，引爆日後無以數計的創作能量。

同年，過去的世界也正在崩壞，美國次級房貸危機一路延燒成隔年的全球金融風暴，雷曼兄弟應聲而倒，冰島瀕臨破產，那些偏離基本價值，夢幻報酬率的假面誘惑破滅於金融廢墟中。

在翻轉與崩壞之間，從國家、企業到個人紛紛來到了策略轉折點。

英特爾共同創辦人安迪・葛洛夫（Andy Grove）說，策略轉折點出現之處，正是舊的經營環境消失，新的環境取而代之，企業有機會往新高點爬升，但若無法順利通過轉折點，企業便會在越過高峰後往下滑落。

二〇〇七年後，也是誠品的策略轉折點。她明顯放慢展店腳步。從二〇〇七年到二〇一〇年，平均年展一至兩家店，二〇一〇年甚至沒有展新店。

店雖開得少，但開得很精采。有太平洋海風徐徐吹過的誠品書店「台東故事館」，日本歷史建築成了台東藝文聚落，三百坪的場域裡，有書區、兒童館，以及四十坪作為展覽、講座、音樂會、藝術生活創作的藝文空間。

也有生態與藝文的跨界作品。二〇〇八年，台中公益路上，一座原本是包覆著鐵皮、半廢棄的停車場大樓，化身為會呼吸的人文生態建築——勤美和誠品共同合作的「勤美誠品綠園道」開幕。擁有當時亞洲面積最大的植生牆，十五萬株迎光植栽隨風搖曳；室內還有挑高五層樓、高達二十公尺的植生牆，下方是可作為表演場域的水循環鏡面水池。這是結合台灣兩家本土企業的創新作品。

「勤美誠品綠園道」並為業主勤美公司獲得二〇一〇全球卓越建築獎，也是誠品在整合書店與商場能量過程中的轉型作品。首次以商場開發經營的核心能力，發展出商場規劃開發與委託經營的顧問管理模式，誠品不負擔資本支出，只負責五個樓層的招商與營運管理。

也是在二〇〇八年，富邦集團邀請誠品參與松山文創園區ＢＯＴ案。

吳旻潔回憶，在團隊發想提案的最後階段，吳清友拿著資料，走進吳旻潔的房間，跟她說提案內容好像缺少了什麼。

「應該在這裡蓋一個有台灣文藝氣息，也讓夜晚的園區空間另具生命力的藝文旅館。」他指著基地平面圖，未來的松菸誠品旁的位置說道。

吳旻潔不解地看著父親，心想，松山文創園區位置如同啞鈴的中間，兩端是信義商圈和忠孝東路商圈，未來能否順利形成商圈已是挑戰，還想要在這裡經營旅館，又是誠品從未涉足過的飯店經營管理……？

那天晚上，她皺著眉頭，默默看著父親自言自語走出去（七年後，吳清友的夢想成真，誠品行旅正式開幕）。

那兩年，台灣在高鐵通車後，迎來「南北一日生活圈」的時代，開放大陸來台觀光，誠品成為一批又一批大陸觀光客必訪之地，有愈來愈多人想把誠品的人文氛圍帶進自己的城市。

邀約者接踵而來，各地方政府、地產開發商、大型百貨商場，到全球品牌集團……，「雖然有很多機會進來，心浮一點、野一點，好像什麼都能做。但我們覺得不要做自己控管不了的事。」吳旻潔說。

## 尋找第二條西格瑪曲線

此時期的誠品正在尋找企業的第二條西格瑪曲線[註1]。

一方面嘗試不同營運模式的可能性，如委託經營顧問管理模式的勤美誠品綠園道

**註 1**

西格瑪曲線（Sigmoid Curve）是條 S 形曲線，是數學概念，也是許多人熟悉的隱喻，象徵「盛極而後必衰」的定律，可以用來說明人生、歷史，乃至於企業、政府的歷程。查爾斯．韓第 (Charles Handy) 認為，要打破 S 曲線的宿命，唯有另外開創第二曲線，才是經常持盈保泰之道。

店、參與松山文創園區ＢＯＴ案。另一方面，啟動企業再造，降低資本支出，讓書店專櫃與專業商場管理系統接軌，整合品牌通路與行銷資源。

二〇〇九年，吳清友經過一段長時間的構思，決定將通路事業與文化事業獨立分工，以利落實專業經營的方向。二〇一〇年，他引入資源，「誠品生活」以新發行股份做為對價取得母公司「誠品」分割出讓的通路發展事業群、餐旅事業群。「誠品」持有「誠品生活」股份百分之五十一以上，保留經營主導性。

閱讀在浪漫的右邊，精明的左邊，它其實就端坐在中間，是平衡的支點，也是共融的度衡。誠品的組織變革，亦是實踐文化創意產業營運模式的過程。

誠品以閱讀的核心價值為根基，確立了公益性文化事業與經營性文創產業二端的並進發展。二〇一〇年，並重新定位企業願景——未來要成為全球華人社會最具影響力且獨具一格的文化創意產業領導品牌，並對提升人文氣質積極貢獻，持續邁向文創產業平台的整合經營之路。

在相同的企業核心價值下，誠品與子公司誠品生活肩負不同的任務。

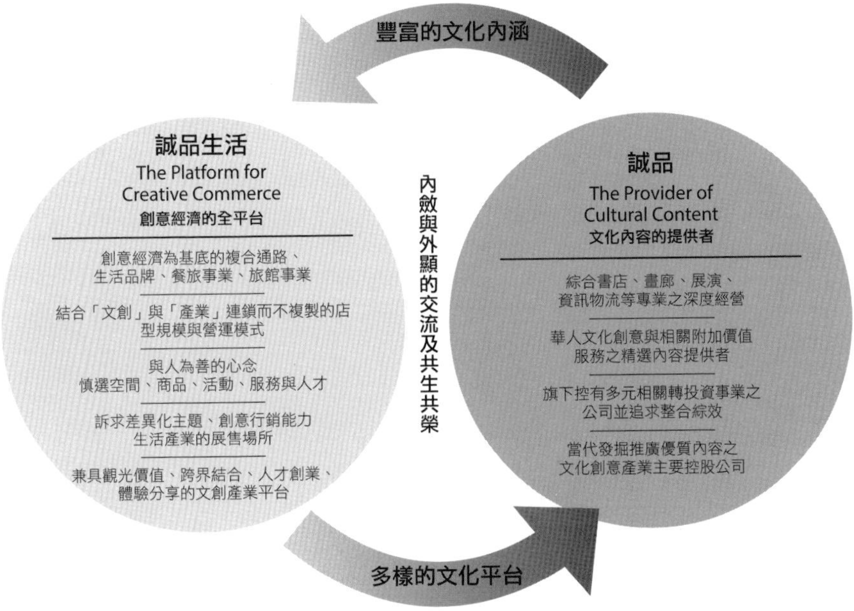
豐富的文化內涵
誠品生活
The Platform for
Creative Commerce
創意經濟的全平台
創意經濟為基底的複合通路、
生活品牌、餐旅事業、旅館事業
結合「文創」與「產業」連鎖而不複製的店
型規模與營運模式
與人為善的心念
慎選空間、商品、活動、服務與人才
訴求差異化主題、創意行銷能力
生活產業的展售場所
兼具觀光價值、跨界結合、人才創業、
體驗分享的文創產業平台
內斂與外顯的交流及共生共榮
誠品
The Provider of
Cultural Content
文化內容的提供者
綜合書店、畫廊、展演、
資訊物流等專業之深度經營
華人文化創意與相關附加價值
服務之精選內容提供者
旗下控有多元相關轉投資事業之
公司並追求整合綜效
當代發掘推廣優質內容之
文化創意產業主要控股公司
多樣的文化平台

「誠品」定義為文化內容的提供者，持續以累積多年的專業，深度經營書店、文具、展演、畫廊等文化創意事業，同時致力於深耕豐富的文化內涵，提供華人文化創意與附加價值內容。因著母公司的定位，亦負責「誠品」品牌旗下多家相關轉投資公司的綜效，成為文化場域與文創產業控股集團。

「誠品生活」定義為創意經濟的全平台，是生活與文化場域經營者，負責複合通路生活品牌、餐飲事業、旅館事業，以品牌核心價值「連鎖不複製」的場所精神，經營與創新店型規模與營運模式，發展兼具跨界實演、觀光價值、人才創業、體驗分享的文創產業平台。吳旻潔為這家新公司取了一個充滿希望之美的英文名——The eslite Spectrum Corporation。

Spectrum 代表光譜，八個字母分別代表：紅色的 Shine（閃耀）、橙色的 Play（遊戲）、黃色的 Explore（探索）、綠色的 Connect（連結）、藍色的 Think（思考）、靛藍的 Reveal（展現）、紫色的 Unwind（放鬆）、Meditate（冥想）的八種意義，傳達出誠品生活透過人文、藝術、創意、生活的場域，以生活光譜，打造跨界文創交流平台，吸引人們駐足、築夢，享受歡聚時光。

誠品生活取名 Spectrum（光譜）的緣由有多層涵義。

「我們認為，光是一種能量，誠品生活盼望成為明亮溫暖與正面能量的生活場所。光譜同時是一種複合現象，這是代表誠品生活團隊用心經營複合多元的豐富文化場域。然後，我們可以再看進光譜內，裡面的色彩五花八門卻有其共通與相互依存性，每種顏色皆可獨立識別，並也經常同時與其他顏色緊密相連結合產生新的色彩，代表了誠品生活的經營內容涵納跨業種與多品牌的特色，彼此擁有共同堅持的調性質感與管理要求，連鎖不複製，追求高品質與創意表現。」

吳旻潔指出，不同的人觀看光譜中不同的顏色，可能會發現其中諸多的相似之處，「就像誠品生活期待與每一位來訪的客人，相互輝映出不同的靈感、意義與色度，過程中涵括各式各樣主題與品牌，讓人們在其中體驗探索樂趣。」

光譜亦象徵著誠品生活團隊的自我期許。她說：「肉眼可見的光譜只占寬廣的電磁波譜一小部分，我們了解看不見的事物不表示它們不存在，反而需要藉由看得見的事物去觀察、體會與想像不可見的知與未知，誠品生活希望與人們分享與體會生命中不可見的層疊交融的情感，共同創造精采的當下與深刻的回憶。」

誠品與誠品生活形成一條文創價值鏈，是浪漫與精明的共融創新，也是內容與平台的交流共生。

## 浪漫與精明的創新

誠品是內斂的文化內容，誠品生活是外顯的文化氛圍場所與商業平台，二者營運模式變得更動態多元，朝向跨疆界、跨文化、跨領域、跨類型的方向發展。展店規模可根據營業面積，從百坪到萬坪，進行創作、調整與店型組合；可以是獨立經營的文化場域，也可兼容於不同的百貨公司或歷史建築。

誠品是母公司，向子公司誠品生活承租空間，共同營造書與非書的場域。在誠品整體的經營管理會議上，可以聽到書店、畫廊負責主管跟誠品生活通路發展主管討價還價租金的趣味對話。誠品生活因誠品而有了書店和展演的人文風景，誠品則規劃以共榮共創的力量，擴大對當代文化、社會的影響力。

例如，從二〇〇九年十一月橫跨二〇一〇年二月，誠品畫廊與台北市立美術館共同舉辦三個月的「蔡國強泡美術館」當代藝術展，觀展人次突破二十二萬，超過當年來台展出的「世外桃源——龐畢度中心收藏展」，創下台灣當代藝術展史上參觀人次新高。

這是蔡國強首度在台灣舉辦回顧性大型個展，誠品全體總動員，畫廊團隊負責策展，展演傳播部擔任專案總召，負責整合各自領域的專業思維、創意與執行，共展出涵蓋古根漢巡迴展中的大型裝置、火藥草圖、爆破計畫的影像紀實等三十五件大型作品。也包括蔡國強特地為台灣創作的三件作品：從他的故鄉大陸泉州運來，重達百噸巨石的雕塑裝置「海峽」；結合行為藝術與爆破藝術，細膩展現出女舞者在十二小時裡，隨身心變化而不同的肢體語言與花草之美的爆破草圖「晝夜」，以及表現了對台灣大自然感動的爆破草圖「遊走太魯閣」。

在蔡國強為這個大型個展所寫的引言〈說不盡的謝意與感動〉中，他說：「……『泡』美術館這個主題，這與台灣的文化生態有很多互動，例如：泡茶、泡妞、泡網咖，在在努力都是希望能廣邀各界人士來享受美術館，感受藝術創造的樂趣。……為了這個展覽，我一口氣做了三件新作品，這是因為我知道每次在台灣，都可以做出很好的作品。這個信心來自於十幾年來，我在台灣甚至世界的足跡，都伴隨著台灣朋友們的鼓勵、支持與成長。」

他在其中感謝了當時的北美館館長謝小韞與北美館團隊、展覽總顧問楊照、上海外灘美術館、蔡國強工作室，以及吳清友與誠品團隊，「從一九九八年在誠品畫廊做『胡思亂想』開始，誠品就成了我在台灣的家，清友兄和我情志相投，我對他的仰慕日增，他是儒雅品格的楷模，誠品團隊更是一流的團隊，不光擁有製作專業上的最高水準，還懷有強烈的社會責任心，致力帶給社會更健康的力量和希望。……這是一次向台灣朋友們的匯報，也是我回文化故鄉的旅行，而這個旅行不是終結，是另一個開始。」

除了蔡國強，誠品畫廊從九〇年代開始就與本地、海外華人藝術家合作，如李德、陳夏雨、蘇旺伸、連建興、郭旭達、司徒強、劉小東、徐冰……等藝術大師。當年與誠品合作時，有些人都還是剛剛嶄露頭角的新銳藝術家，也因為長年與這些藝術家一路相伴，有的藝術家甚至表明要將其身後所留的作品交給誠品畫廊持續經營。

「我們不僅是經營藝術家的作品，更是疼惜與一路扶持他們的創作生命。」誠品畫廊執行總監趙琍是誠品畫廊的靈魂人物，她早在一九八〇年代就投身畫廊業界，在吳清友的力邀之下，一九九二年加入誠品畫廊。二十多年來，她帶著團隊堅持著吳清友創辦誠品畫廊的信念——以「扶植與推動華人當代藝術」為職志。

趙琍也在二〇一二年獲得「中華民國畫廊協會」所頒發的資深經理人獎。她積極串連起亞洲其他地區的當代藝術，同時策展更多新意的展覽主題，「在藝術家與收藏家之間，我們一腳踩在藝術家的世界，一腳要踩在現實的世界，必須要清楚每位藝術家的特質以及他們的創作狀態、作品想表達的概念，某種程度，我們是藝術家的保母或保護者，也促進他們的作品在市場上因為被了解、欣賞而能更受人尊敬。」

吳清友和趙琍深具默契，且彼此信賴。趙琍除了絕佳的鑑賞眼光之外，亦有著極大的經營自由，除了台灣的藝術家，她可以到全世界去尋找當代華人藝術家。所以，她在一九九三年飛到紐約與徐冰見面，一九九七年在紐約皇后美術館認識了蔡國強，幾年後也結識了劉小東……。誠品亦是台灣最早關注華人當代藝術的畫廊，至今挖掘與經營的華人藝術家遍及台灣、大陸、東南亞、日本、歐美等地，關注的當代藝術面向也擴展到亞洲其他國家[註2]。

**註** 2

誠品畫廊關注的藝術面向擴及全亞洲，不定期舉辦特展，例如：二〇〇八年，邀請現任新加坡國家美術館館長陳維德博士策劃「咖啡、煙、泰式炒河粉：東南亞當代藝術」，推出來自東南亞六國、共十七位藝術家，此為台灣最早介紹東南亞當代藝術的展覽；二〇一三年，舉辦「蕪境游牧」，為台灣首次帶來了超過十一名中東、中亞與東亞藝術家的作品。二〇一三年起，推出「兩岸青年藝術家在誠品」展覽計畫。誠品畫廊也參與重要的國際藝術博覽會，如藝術北京、台北藝術博覽會、上海 ART021 等。

近年來，誠品畫廊因長年專業深耕當代華人藝術家，以及具前瞻性的經營眼光與國際化的策展能力，備受國際重視。二〇〇九年，誠品畫廊入選世界頂尖，有著國際藝術博覽會的奧林匹克之稱的巴塞爾藝術展（Art Basel），成為巴塞爾藝術展創立四十年來，首間參展的台灣畫廊。二〇一七年，誠品畫廊獲線上媒體 *artnet* 評選為香港巴塞爾藝術展十大最佳展位、線上媒體 *ARTSY EDITORIAL* 評選為香港巴塞爾藝術展十五大最佳展位，成為亞洲當代藝術畫廊在世界藝術版圖的要角之一。

「巴塞爾不僅是競爭激烈而且是『銳利』，在這樣的展會背後代表的是文化強勢、國家力量與市場強度，若我們不將自己當作中心，則永遠只能成為別人的邊緣。」趙琍表示。

「我們在哪裡，哪裡就是國際」是趙琍多年來迎戰國際展會所累積出的心得。

## 誠品文化藝術基金會成立

吳清友認為，生命有三種層次，從生存、生活到生命，對應到企業，也有生存、領先、標竿典範的三種階段，「企業的價值需要兼具商業價值、社會價值以及文化價值，這也是誠品不變的信念。」

二〇一〇年八月，成立誠品文化藝術基金會，以「推廣閱讀」為使命，走入了許多誠品書店未能企及的社區人群，並邀請童子賢擔任董事長默默耕耘，具體落實「有書讀、愛讀書、讀好書」的社會責任目標，特別關注那些「不山不市」的鄉鎮。

書店開不到的地方，就用四輪前進吧！其實，從二〇〇八年開始，誠品就啟動「深耕閱讀計畫」[註3]，整合實體通路和物流倉儲，打造行動閱讀書車，以行動圖書館模式走進誠品未到達的城鄉。接著，執行「閱讀分享計畫」，對外募書，號召理書志工，把書送到需要的人手中，誠品物流中心的一樓就是理書志工的工作場[註4]。

**註 3**

「深耕計畫」與偏鄉中小學整年度合作推廣閱讀，透過專業選書、足量新書、教師增能、閱讀活動、行動圖書館定點深耕，在地培養願意發揮閱讀影響力的人。另有「校園閱讀推廣」，接受高中職申請，讓學生自主閱讀經典後以創意形式對外分享，培養閱讀素養與服務精神。

**註 4**

「閱讀分享計畫」是為閱讀資源缺乏的地區募集好書，成為分享者與閱讀者之間的橋梁，二〇〇九年至今約四千人次的志工夥伴參與，舉辦超過一百五十場次的理書活動，共贈出達一百二十萬冊至兩千五百家以上的機構。

行動圖書車會專程為台灣鄉村的兒童送去圖書，進行說故事的活動，同時也為學校培訓閱讀師資，協助設計教案與策劃閱讀延伸活動，引導孩子的閱讀視野。

近年，團隊進一步思考：相較於大都會區，偏鄉學校的資源缺了什麼？誠品還能做什麼？

「我們發現，他們缺少的是打開眼界的機會！」誠品文化藝術基金會副執行長米君儒說。偏鄉有不少國中生學業成績優異，畢業後，考上位於都市的志願學校，卻因家中經濟困難、家人生病等因素，被迫放棄進入理想志願，就近就讀。另一方面，部分地區因學校資源有限，較少舉辦課業以外的活動，學生探索各領域的機會少。

於是，基金會提出從高一陪伴到高三的「青年璞玉計畫」，並獲基金會董事會通過，從二〇一六年一月開始執行。光是找出青年璞玉的過程就充滿著諸多細節。基金會團隊向各校老師徵求推薦家境清寒或家庭相對弱勢，但學習與生活態度正向，具備社會行動力特質的學生。經過書面審查與電訪，真實聆聽被推薦者的人生故事後，邀請入選者參加計畫。

每一次的開始，就是為期三年的陪伴。獲選的學生將於高中三年中，透過三個階段的五天四夜營隊：高一的寒假營隊、升高二的暑假營隊、升高三的暑假營隊[註5]，打開眺望世界的窗，學習應對社會的能力。營隊由基金會負擔來返車資與所有費用，並安排陣容堅強的講師群，以及與童子賢、吳清友等長者面對面的交流，期盼透過細心打磨的過程，這些青年璞玉能夠感受到這個世界遠比自己想的更有希望，有機會翻轉未來。

## 組織改造，初心不變

二〇一〇年後，吳清友就要求吳旻潔負責集團營運管理。「這些年集團營運都是Mercy帶著團隊實際走到第一線，她做了許多營運的調整，假設她不是我女兒，若能找到像她這樣的接班人，我也會很放心！」

吳清友形容，女兒比他浪漫，也比他務實，「Mercy是上天與太太賜給我最好的禮物。」若論吳清友生命中兩個最重要的創作，一個是誠品，另一個就是一對兒女。兒子教會了他每個生命都是獨一無二的個體，女兒讓他理解靈魂的成熟度和

**註5**
「青年璞玉計畫」三年三階段的營隊活動，以「我未來最想改變的一件事」作為貫穿主題，循序漸進安排不同的學習目標。第一階段是正向心態與生命姿態的「Attitude」，學會訂定自己的未來目標，並擬出短期的行動方案，安排了科技與設計、公民素養與法治社會、自我探索、社會企業的意念與實踐、自由書寫等課程；第二階段是達標與應對能力的「Skill」，學生要學習如何執行與修正第一次提出的短期行動方案，接續擬出中期目標與步驟。此階段更是難得的課程，如哲學思辨、文學讀寫、美學鑑賞、科學求證、靜心與安頓自己、簡報技能、聲音表情等。第三階段是知識見聞與辨別的「Knowledge」，升上高三的他們要學會檢驗目標計畫，彙整達成目標需要的資源。

年齡無關。

誠品總經理室協理潘晃宇觀察，組織變革後，書店產生某種質變，同事們開始了解理想不是塊硬磚頭，而是用各種途徑去實現文化創意，只要初心不變。「我們學會欣賞數字，理解了有獲利率，才有分享力，在做每項投資評估，大家會仔細分析，經營書區也更有想法，希望能為讀者創造更多價值。」

誠品通路事業群通路企劃處資深經理林萱穎比較整合前後的組織溝通文化，過去管理工具比較少被討論，後來因為跨部門合作頻率高，相對需要更精準的聚焦，因而學習運用更多的管理工具來達成質量共進的目標。

管理工具裡的「甘特圖」特別受到團隊的歡迎，當然也散發著誠品濃濃的人文藝術風，有的人講究線條、配色，有的人加上創意插畫，各有風格。亨利．甘特應該沒料到自己在一九一〇年用於工程管理的工具，二十一世紀在誠品內部「文藝復興」。

誠品團隊不約而同提到：「我們為誠品的理想堅持，誠品努力想讓同仁生活更好；Mercy 帶來了管理與策略上的積極改變，像是加速開店與收店，前進香港、大陸。」因為穩定發展，薪資與獎金結構上調，在所有誠品人的努力之下，歷經二十六年，至二〇一五年底，集團的現金與可運用資金首度高於金融負債。

誠品也從二〇〇六年起，連續十二年入選為《*CHEERS* 快樂工作人雜誌》票選「新世代最嚮往企業 TOP100」的前五名，二〇一七年躍居第一名，是這個調查首次由媒體文化業者登上寶座。吳清友連續三年進入台灣 yes123 求職網「畢業生職涯規劃調查」社會新鮮人票選「夢幻老闆」的前三名，二〇一七年他為第二名，第一名是台積電董事長張忠謀。

吳旻潔也是 *Forbes* 雜誌二〇一五年評選亞洲商界潛力女性，唯一獲選的台灣人。當年，吳清友授權吳旻潔整合書店與商場的通路。事實上，這個決定不只是啟動組織變革，還是傳承的起點。

但對於許多企業創辦人而言，這是項難以學會的功課。

如英國管理大師韓第所言，在企業史上，有太多創辦人認定自己的成功模式是唯一的路，陷入成功弔詭——執著眼前成就，卻無法保有成就。韓第認為，比較好的做法是在第一曲線繼續運行時，思考未來，啟動變革，把第二曲線的思考交給下一代，讓年輕一輩創新。根據韓第的觀察，企業要發展第二曲線，由將承繼組織與社會未來的第二代人士進行第二曲線思考最為順理成章，不但能注入新思維，也能提早讓組織的年輕世代為未來負起責任。

過程中有個極重要的關鍵，就是領導人要有容錯能力。這也是吳清友多年後的感想。他透過病痛對生命有一種更真實的覺知，也因而更能放手。

「企業的傳承會功敗垂成，最大原因是出在第一代並非真的授權與信任。當你交給了年輕一輩，就得權責相當，不能因為怕他們犯錯，還是把決策權攬於一身。上一代若能回頭省思，會發現自己不也是從錯誤中學習、累積而出所謂的實務經驗嗎？想通了，就會明白上一代的放手與容錯，是讓下一代經營者成長的途徑，何況面臨的經營環境也不相同了。」

對於這位創辦人而言，二〇一〇年後，更重要的任務是確保在平衡之路上，誠品的任何創新與改變都要保有品牌的核心精神。

「沒有商業，誠品不能活，沒有文化，誠品不想活。」吳清友說。

「我們一直相信，每個人的生命都是一本大書，閱讀是人類內外部活動的必要存在，就算產業逐漸沒落，閱讀絕不能從生活與生命中失落。有多少的人還不重視閱讀，誠品就有多少需要努力的空間。」

從吳清友的觀點，理念的永續是最重要的，再來是企業的永續，最後才是家族的永續。

# ■ 吳清友的自白

## 天空、閱讀與人生

（本文以吳清友自我對話角度書寫）

你花很多時間在求誠品能活下去，你無法預知未來，只知道，無論如何它應該存活，又時常於書店這個場所進出，比別人多了一點想像，油然而生一種莫名篤定感：對城市而言，書店是必要的存在，對生命而言，閱讀是必要的活動。

你對於誠品與推廣閱讀，無愧於心，唯一慚愧的，在為人父多年後，才學會「閱讀」孩子，在夜深人靜時，懊惱自己駑鈍。

長子威廷讓你領悟到每個生命都是獨特的。

你知道他是善良的孩子，你們在跟父母講電話，他聽出阿公生病，六歲的他暗自帶著四歲的妹妹，去住家旁的小土地公廟幫阿公祈福，並在隔週阿公阿嬤來台北小住時，帶他們去還願。但他很令你頭痛啊！中學愛蹺課，躲去陽明山格致國中附近的佛寺裡，學業不精進，散漫不經心，你急，男孩子怎麼能夠如此，以後是有家庭責任要擔當，你不笑，看上去又嚴肅，搞得父子關係緊張，也不談心，一直到兒子二十多歲，他受不了，跟你坦白這輩子可否只想過簡單的生活，這是他決定的人生！

幸好，你聽進他的內心話；幸好，你放下華人傳統裡的望子成龍；幸好，你從兒子身上看見年少時的吳清友——是家中唯一不聽話的孩子，高中是問題學生，還因滋事，被少年隊警察與學校教官約談，闖禍不少，父親惱得要與你脫離父子關係！但有另一個你，喜歡佛寺的自在與寧靜，寒暑假時，還會靜居台南關子嶺佛寺，只有你懂這樣的自己，心靈深處相信自己依然善良。

醍醐灌頂。你對自己說：「拜託！吳清友，你也不是資優生，幹嘛嚴格要求兒子？」

轉念之後，你改變了，開始跟兒子像朋友般相處。他是你一生中唯一時常叫你看天空的人，老是喜歡在陽明山的夜晚，叫你抬頭：「老爸，看看天空嘛！」

你記得二〇〇二年三月三十一日午後的那場「電梯驚魂記」，一家人在來來喜來登飯店用完餐，碰上三三一地震，短暫受困電梯，兒子並不慌張，那是誠品經營台大醫院店之前。

心血來潮，帶著兒子走去仁愛路上日治建築的台大醫學院醫學人文博物館，想來個機會教育。你特意停留在醫師誓詞牆前，要他讀讀上頭的文字：「准許我進入醫業時：我鄭重地保證自己要奉獻一切為人類服務。我將要給我的師長應有的崇敬及感戴；我將要憑我的良心和尊嚴從事醫業；病人的健康應為我的首要的顧念；我將要尊重所寄託給我的祕密……。」

你忘不了孩子看得專注的眼神。

你一直都知道的，兒子有做到誠品講的人文精神，同事、鄰居都說他古道熱腸，熱心助人。

難怪他老是錢不夠用。有時，兒子特別早起，殷勤送你到門口，望著你傻笑，你就知道，月底了，需要你拔刀相助。

二〇〇九年四月的某天夜裡，你聽見太太著急叫著，兒子出事了！你衝到兒子房間，見他雙眼緊閉，妹妹哭喊哥哥沒呼吸，在救護車來前，你努力幫著兒子做CPR，一秒都不敢慢。你再也忍不住了，誠品最苦時都不輕易落下的男兒淚。

人工呼吸竟是最後吻別。悠悠生死別，兒子入了妹妹、媽媽的夢，唯獨缺你。

想起二〇〇六年十二月的香港手術前一晚，兒子在病床前安慰你說：「老爸，放心吧！我已經向佛菩薩祈願折壽給老爸了。」你望進他晶亮的眼裡，一時無語。

每當思念，你就想起他說的：「老爸，看看天空嘛！」你看了天空，卻忘了問他為何喜歡叫你看天空。問不到了。只能猜想，兒子應該是覺得你每日忙於公事，神情太過嚴肅，要你欣賞雲朵的自由，體會宇宙星空的變化。

你很難形容父對子的思念有多深長，但日與夜仰望天空已是生活日常。

你相信每個人都是有情之人，會觸景生情。有次你到台中出差，回程想起還沒吃中餐，在高鐵站的麥當勞買了漢堡，咬下的第一口，憶起跟兒子去吃麥當勞的往昔，頓時淚流滿面，分不清嘴裡鹹味是漢堡還是思念。

到香港、日本，就會想到孩子還小時，你帶他們來旅遊的此情此景。記憶痕跡在你心裡是甜蜜的感傷。

漸漸地，感傷變成覺醒，那些曾經關切過的人地事物，不斷重現，引發你重新思索這個世界。你花了很多時間學從容，近年體會出真正的滋味，在兒子走後，女兒分擔責任後。

你也懂了，世界上有一種閱讀，存在每人心中，會觸動一個人最深處的心靈探索，它的原點是從生命的情感開始。

你也明白，世界上有一種閱讀，存在生活周遭，是書本裡找不著的篇章段落，它的緣起是從生命中出現的人開始。

人生，來空空、去空空。不如，一起看看天空？

# 第三部

# 2011-2017

# 誠品的場所精神

誠品談書與非書之間，我們閱讀！我寧可將閱讀界定為人文關懷。
一個心靈的出口是停泊，一個心靈的缺口是飄泊，在誠品這個大平台，
我們相信有很多種形式可以展現人文關懷。

——吳清友

# 11 輸出集體創作

## 誠品生活、誠品書店與城市文化的共創

想像一片海洋，豐饒閱讀者的眼，世界文學的書牆，背景是悠悠晃晃的維多利亞港。這是位於香港星光行二、三樓的誠品生活尖沙咀店，二十九扇面海大窗，超過二十萬冊書籍，閱讀著「書」，也閱讀著「海」。

想像一個居所，典藏愛家人的願。大樹是好友、大湖是至交，住宅是探索內心深處靈感的人文居所，這是蘇州金雞湖畔的「誠品居所」，也是誠品首次創作的住所。位於一萬七千坪誠品生活蘇州店兩側，兩棟樓高各二十四層、二十六層，書店就是家中的大圖書館，還可逛逛誠品生活蘇州這座「人文閱讀、創意探索的美學生活博物館」，或漫步湖畔，眺望日照夕陽。

想像一個行旅，療癒旅行者的心。沒有書本的房子，就像沒有開窗的房間。誠品創作了「誠品行旅」，大落地窗外是水色生態，大廳內是整面書牆的人文姿態，所謂讀萬卷書，行萬里路，誠品行旅結合松山文創園區與誠品生活松菸店，本身就是一場聚合人文閱讀、文創展演、音樂電影、綠意自然、體驗生命感動的心靈之旅。

想像一種生活，觸動遊逛者的夢。可以集會作樂，也能獨坐聽聲；可以駐足歡趣，也能悠遊閑靜；可以品嚐一杯遠從法國莊園來的紅酒，也能啜飲研磨書頁的咖啡。創意可以是獨特的非物質遺產，也能是有趣的文創小品；生活風格可以是油鹽醬醋的實演廚房，也能是書櫃上的醍醐灌頂。

想像一個空間，蘊含城市人的夢，有書店、畫廊、講堂、文創平台、音樂廳、電影院、居所、行旅。這些都是誠品的跨界實演作品，雖然跨越了不同產業，卻都是人文、藝術、創意融入生活的創作，也讓誠品成為一種生活。

## 有一種創新叫「集體創作」

走過二〇〇七到二〇一〇年的調整期後，帶著蛻變的能量，誠品生活與誠品書店開啟了集體創作的全新航線。

二〇一二年開幕的誠品香港銅鑼灣店，是誠品與台灣原創的集體創作。誠品首次在海外展店，也為香港引進台灣原生的文創品牌。

二〇一三年一月誠品生活上櫃後，八月開了占地六千坪的誠品生活松菸店。首度問世的誠品電影院、誠品表演廳、文創工廠區，以及二〇一五年開幕的誠品行旅，是閱讀結合電影、閱讀結合展演、閱讀結合手作、閱讀結合旅行的集體創作。

二〇一五年十一月的誠品生活蘇州與誠品居所，是誠品最早決定的海外基地。耗時五年，從無到有的自創自製，從一塊土地的規劃設計、建築營造、招商開發，到營運管理。是誠品與蘇州這座城市的建築創作，展演「生活在誠品」的集體創作。

當二〇一一年，亞馬遜宣布電子書銷售量超越紙本書的那一刻起，閱讀的時空形式就已改變。人們從不同的載具閱讀，也在碎片時間裡閱讀。二〇一一、二〇一二年也是全球大型實體書店虧損與關門的高峰。

美國最大連鎖書店邦諾（Barnes & Noble）大量關掉各地分店，發展網路書店與自有電子書閱讀器「Nook」。二〇一五年拓展銷售線，跨入如玩具、美術用品、黑膠唱片機、品酒服務等，不再只是書店（Barnes & Noble Wants to Become More Than Books）。但美國第二大連鎖書店 Borders（博多斯集團）就沒這麼幸運了，集團想力挽狂瀾，電子書店二〇一〇年才開張，隔年就申請破產保護。

很多人會認為，實體書店熄燈是因為網路書店的衝擊，不過，從另一層面，有更大的關鍵是像亞馬遜創辦人貝佐斯所說的，衝擊實體圖書出版業的不是亞馬遜，而是未來。

當年面對未來，大家紛往虛擬世界走，誠品反而拓展實體通路以及深化場所體驗。如果點出誠品展店團隊那時期的甘特圖，集團啟動台港陸三地布局計畫，展開更大規模的實體創作。除了台灣展店計畫，大陸專案、香港專案幾乎是時程並進的上下平行線。

「誠品在海外展店，是期望能夠影響更多的人，誠品之所以成為誠品，就是我們永遠會堅持對人文、藝術、創意融入生活的信念，這個理想是不會改變的。」吳清友說，誠品希望輸出的是一種人文素養，為所到的城市注入一股新能量，尊重各地文化特質，也與在地共生共創。

然而，文化是有地域性的。誠品思索著如何透過當地城市的語彙，讓人文、藝術、創意融入生活，成為共鳴的語言。蜜蜂在築巢時，蜂巢的形式已存在群體的連結裡，這也是誠品團隊經過二十多年積累，所淬鍊出來的品牌能量。

若說二〇〇六年的誠品信義店，是誠品集體創作的進化，那麼二〇一二年後，是誠品集體創作的再進化。走上國際，用品牌和城市共同創作，以通路和跨界讀者對話，讓誠品成為充滿多元可能的文化事業與文創產業平台。誠品生活松菸、誠品行旅、誠品居所、誠品生活蘇州，都是這個階段新鮮的嘗試。

## 讓閱讀成為香港的風景

誠品的海外第一站，是香港地鐵銅鑼灣站出口可直通的「希慎廣場」，鄰近時代廣場、SOGO百貨。

希慎廣場隸屬香港希慎興業集團的商場辦公大樓。為了創造獨特性，看準香港人與國際遊客到台灣最喜歡去的文青朝聖地就是誠品，開出優惠的條件，邀請誠品進駐，把香港商業精華區八到十樓的空間給了誠品。目的就是想透過誠品在商場的灑水效應，吸引人潮。

二〇一二年八月，誠品在當時全球店租第二高、每日人流量超過十六萬人次的銅鑼灣區，開出近一千兩百坪的誠品銅鑼灣店。藏書量超過二十三萬冊，八到十樓的空間包括誠品風格文具館、兒童館、音樂館、誠品Forum，以及阿原肥皂、天仁茗茶、王德傳等台灣原創品牌，還有原汁原味的誠品畫廊策展，「我們不是只有大師的作品，也把香港藝術加進來，讓當地藝術發聲。」誠品畫廊資深經理張海平說。

由於這是誠品的第一家海外店，銅鑼灣店雖然不是二十四小時書店，第一個月特別推出每週四到週六，書店營業二十四小時的慶開幕活動（八月十日到九月十六日），讓香港人體驗書店夜未眠。開幕活動結束，書店的週四到週六恢復正常營業時間。主要原因是香港交通多靠大眾運輸，地鐵營業時間結束，民眾沒有主要的交通工具，出門相對不便且昂貴。

開幕的二十天就吸引超過一百二十萬人次。「誠品為業主帶來人流，業主回饋我們具競爭性的房租，這是雙贏。」誠品生活副總經理吳立傑說。

其實，銅鑼灣店剛開的第一年，人們對於誠品在香港開書店能否持續營運抱持著問號。

他們說：「看吧！香港這個文化沙漠，是我消費故我在的商業城市，關心的是八卦與商業新聞，誠品來了也是一樣。」「香港居住空間狹小，連客廳都得擺床，書櫃根本不大，很多人還沒書櫃。」「誠品銅鑼灣店人最多的地方不是書區，是排隊買珍珠奶茶的人潮。」多數香港人也形容自己「唔鐘意睇書（不愛看書）」。

陸地面積只有台灣二十九分之一，彈丸之地的香港，是全球重要的國際金融、服務業與航運中心。這座七百萬人的城市，每年迎接五千多萬人次的訪港旅客，速度與空間都必須發揮到極致，「匆忙」成了這座城市的宿命。

然而，誠品卻想在香港創造閱讀的風景。

「誠品把自己當作參與城市文化塑造的成員，要與香港共創城市的精采。我們透過空間、活動，形塑出靜謐安定的氛圍，使匆忙的都市人來到這裡，從容沉澱下來，成為讀者得以安頓身心、從容停泊的心靈港口，引發香港潛在閱讀能量。有一天如果可以在香港年賣七百萬本書，代表人手一書！香港就不是文化沙漠。」吳清友說。

誠品在香港銅鑼灣開出全港最大書店，書區比台北敦南店大上一．五倍，已經夠讓寸土寸金的香港驚訝了！二〇一五年、二〇一六年又連續展出誠品生活尖沙咀店與誠品生活太古店。

誠品生活尖沙咀店位於天星碼頭前的星光行。享有維多利亞港海景，同時與國際購物中心海港城相連，為精品消費環伺的塵囂，創造一處悠遊的空間。因著尖沙咀天星碼頭是古今要塞，以及香港人昔日約會的老地方，誠品以旅人、台灣、多元、文化為主題，超過二十萬冊書籍，讓讀者坐在海景大窗閱讀、沉思，飽覽維港風光。

誠品生活太古店更是香港稀有的街邊書店，因為無法負擔一樓店租，香港的書店通常藏身在二樓以上。太古店位在香港太古城中心的G樓到一樓（台灣的一到二樓），為鄰的有無印良品、ZARA等國際知名品牌。望進誠品的落地櫥窗，咖啡香伴隨書香，引人不由自主想從街角轉身，瞬入這舒緩境地。

在全球實體書店數量減少的態勢下，誠品每年持續展店，書店面積持續擴增。香港銅鑼灣店的書區達九百多坪，遠大於六百坪的台北誠品敦南店，接續的尖沙咀店、太古店的書區規模也都毫不遜色。相比台北，相同的一本書承擔的是更高的租金成本。

「書店是誠品的核心價值，也是核心事業，我們會堅持書店的營運內涵與必要的面積。外界評論誠品書店的面積逐漸縮小是因為誠品整體擴大，呈現更多元的內容，書店經營面積看似相對變小，但其實書店總量體是持續在增加的。」誠品總經理李介修說。

文化的耕耘需要時間，走上國際的誠品，一如在台灣，要讓閱讀成為一種生活態度。

「誠品是以多樣生活的角度讓人們親近閱讀，希望提供一個場所，讓任何人可以帶著喜悅心情，慢慢享受兩、三個小時的閱讀時光。」吳清友從一九九〇年代開始，不斷陳述誠品存在的意義，且自始至終都沒改變過。

「誠品是眾生平等，優質共享的空間，我們希望成為城市人的桃花源、城市人的香格里拉、城市人幸福生活的必要存在。誠品的場所也是創造一處身心安頓、心靈停泊之所在，關心著心情的品質、心靈的氣質、生活的素質、生命的價值，人在誠品相遇、相知、相疼惜，分享與人為善的正面能量……。」於吳清友而言，或許世間無法讓人生來平等，閱讀的世界卻有機會眾生平等。

一旦引起享受閱讀的樂趣，即使離開了誠品的場域，也會不自覺在生活片刻，尋找喝杯咖啡、看本書的機會。「文化就是人的生活，誠品希望做到讓閱讀生活化，我們最大的競爭者不是別人，而是讀者的時間。」吳旻潔說。

## 誠品生活上市櫃

二〇〇九年開始，吳清友就在為誠品永續經營的未來作準備。他思索，在體驗經濟與文化創意產業崛起趨勢下，誠品需要更進一步強化經營體質，並要能提升企業在資本市場的評價與融資彈性，走向上市櫃，才能有更積極的成長動能，彰顯出品牌企業的價值，達成永續經營的目標。

其中有個關鍵問題是這位品牌創辦人必須要思索的：要用何種策略，才能讓誠品兼顧文化理想與商業現實，保存品牌原始的理想性，不因資本市場運作失去了文化創意的自主性。

集團決定分割誠品，以通路品牌「誠品生活」上市櫃，誠品母公司得以擁有自主性，持續進行深度的文化扎根。就品牌的長遠發展來看，誠品持續耕耘、累積品牌的核心價值，也因保留品牌權利，確保品牌資產的運用不會偏離信念；另一層面，分割出來的誠品生活也可根據明確的商業模式，穩健的獲利與現金流，獲得資本市場的青睞，拓展業務，布局國際市場。

「因為IPO看的是財報，書店不會有太大利潤。誠品書店會做許多精采的文化活動，像是演講、料理教室、展覽，這些事都要花錢，無法營利。」吳立傑說得直白。

二〇一〇年，誠品生活從誠品分割出來，就走向「誠品生活綜合體」的未來之路，以創意生活產業跨地域、跨文化與跨領域經營。當誠品生活到了香港，輸出的是台灣文創的能量，以及誠品積累二十多年的閱讀文化與品牌影響力。

在這座充滿活躍經濟能量的國際城市，她面向的是來自全世界的讀者。對於誠品生活要發展的創意經濟全平台。另一方面，當誠品要輸出台灣的集體創作，台港陸布局可以讓她延伸文化內容的影響力，從華人城市的誠品邁向亞洲城市的誠品。

「開銅鑼灣店時，每天在混亂中解決一個又一個的問題，剛開始，台灣總部在支援香港同事的能力嚴重不足。」在誠品學習國際化的路上，吳旻潔是集團委以重任的決策者。

二〇一三年，誠品啟動台灣總部計畫，建立能連結台港陸市場的管理機制，「系統化、規章化、書面化、制度化，total cost 是什麼，choice 能有什麼？三地同事要有共識，一件事如何完成，如何確立是誠品的調性，這條路有得走。」在吳旻潔的想像中，誠品的總部不久要能精進到品牌授權的能力，這也是她為自己與團隊訂下的中長期目標。

台灣總部在注入國際思維之餘，也朝向永續經營。那一年，誠品生活也以每股一百五十六元承銷價掛牌上櫃。

## 誠品是一種生活

自此開始，作為具備「觀光價值、跨界媒合、人才創業、體驗分享」的華人文創產業平台的目標變得更加清晰。

二〇一五年，誠品生活尖沙咀店甫開店時即呼應著天星碼頭的歷史文化與觀光熱點特性，二樓以創意生活為主軸，三樓以人文藝術為命題，引進港台及跨國品牌，其中五成為台灣品牌，二十四%為香港本土品牌。二〇一六年的太古店是誠品第一家深入香港社區的店。以「家」為意象，共有近五十個涵蓋家飾、食品、廚具等台港陸三地的文創品牌，是三家店中擁有最多生活品牌的，並規劃全香港最大的兒童書店。

因著「文化就是人的生活」概念，誠品帶進香港的，除了嶄新的閱讀體驗，還展演「誠品是一種生活」的文創風格。在她的文創平台上，有來自台灣的烘焙麵包鋪、香港本地直送的新鮮水耕菜、達人手作果醬、本地手沖精品咖啡、日本低碳餐廳、德國油醋品牌、手工皮鞋、Handmade Studio（手作工作坊）等。誠品化身生活風格的引路人，從書籍、飲食、服飾、用品、家居……，創造完整系列的誠品式生活與體驗場域。她為廣大讀者嚴選，為文創品牌引路，為生活風格形塑，建構出對個體有意義，啟發想像的經驗。

這裡頭，可見誠品的品牌優勢。

首先，場所精神產生深度的多元質變，從一九八九年到二〇一二年，誠品創造出不同類別店型的多元場域。獨立店的誠品、轉運站、醫院內的誠品；位於百貨商場、城市大道、社區的誠品……，各自散發不同的風格。連鎖而不複製的創作思維，注重「人、空間、活動」三者互動累積而成的場所氣質與空間美學，企業的差異化策略由此產生，也是誠品形成創意經濟的基礎。

「多元的背後其實是一個積累專業的過程，」通路事業群副總經理林婉如形容，每展一家店，團隊都要做出不一樣的思維，包含新店型、新產品、新品牌的研發，「從選品團隊、物流團隊、供應鏈平台、展店團隊、設計團隊、行銷團隊……，誠品給予同事很多的資源。」

換言之，規模經濟只能降低看得見的成本，但看不見的付出，如投注的心力、團隊的創意是無法減少的。誠品團隊願意下苦功，不願品牌風格有所妥協，長年下來，形成質感與效率並進的團隊合作智慧。

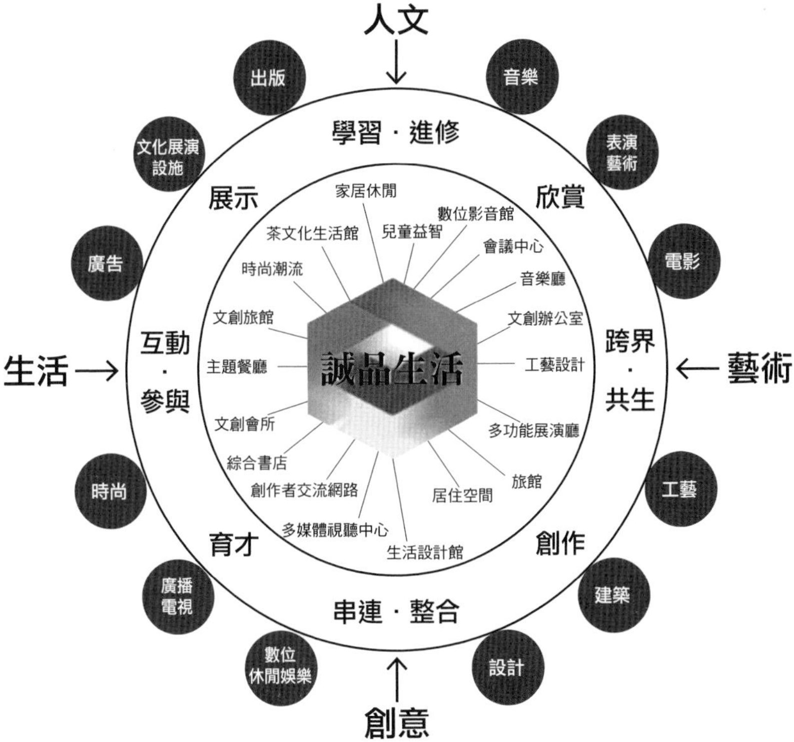
人文
生活
藝術
創意
學習・進修
展示
欣賞
互動・參與
跨界・共生
育才
創作
串連・整合
誠品生活
家居休閒
數位影音館
兒童益智
茶文化生活館
會議中心
時尚潮流
音樂廳
文創旅館
文創辦公室
主題餐廳
工藝設計
文創會所
多功能展演廳
綜合書店
旅館
創作者交流網路
居住空間
多媒體視聽中心
生活設計館
出版
音樂
文化展演設施
表演藝術
廣告
電影
時尚
工藝
廣播電視
建築
數位休閒娛樂
設計

其次是面向市場的廣度。誠品透過大量展店，接觸各地讀者，累積面向廣大消費族群的實務經驗，並且因應在地特性，不斷翻新經營向度，連結與尋找當代文化的能量，由閱讀產業到生活產業，從挖掘文創品牌到人才培訓，其中所需的團隊流程與執行細節需要時間養成，很難一蹴可幾。

再者，因為連鎖不複製的展店精神，團隊要能面對與滿足不同消費族群，超過二十年與讀者共創的 know-how，選品種類豐富而精準。

「誠品有很棒的選品團隊，這群人把全世界有趣的、好玩的、獨特的都找來。」吳立傑形容。

誠品的商品企劃處分為圖書、影音、雜誌、食品、文具、禮品、兒童與玩具八個產品線，團隊超過四十人，儼然就像一家小型「誠品商社」，走訪世界各大商展，足跡踏上全球街道，至今累積了一百多萬種品項，每年要新增三〇%新品（含替換絕版、汰舊品），平均一週約有一千五百個新品到店。

要創辦一個文化品牌實屬不易，因為文化本身就是一種建築的過程，每一次的登高，都要確保信念基石的穩固，這是吳清友分割誠品，以誠品生活上市櫃的主要精神，也是鞏固誠品永續經營的長期策略。

# 來自萬神廟的分享

各位同仁大家好：

許許多多的誠品人
許許多多的時光歲月
許許多多的努力才能夠積累一點點的誠品文化
我們珍惜二十五年來眾多同仁的一步一腳印
我們的初心如如不變且將更從容
工作上生命中有更多萬千值得關照的
此刻我誠願與所有親愛的夥伴們共同分享這則來自林懷民老師的訊息

二〇一四年七月十日

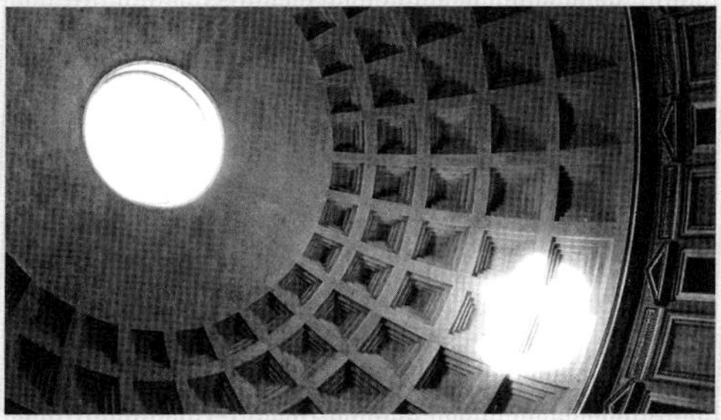

清友兄：

每次收到你的捐款，特別感激：誠品正在擴張，還勞吾兄費心照顧，很不好意思！

五月歐洲巡演之便，去了羅馬。公元初建造的萬神廟，圓頂開眼，天光雨雪直落廟殿。

看著日光寸移，很是感動。

夏安

懷民

12

# 創意經濟的全平台

## 誠品生活松菸

二〇一六年七月，誠品生活松菸店被CNN評選為全球最酷的十四家百貨之一，也是獲得此項國際肯定的唯一台灣自有品牌。與她一同在榜上的是世界各地歷史悠久、享譽全球的百貨品牌[註1]。

報導指出：「書店起家的誠品不太符合一般百貨公司分類，除了賣書，也販售各種生活用品，包括台灣特色小吃和手工藝品；我們最愛的，就是坐落於菸草工廠轉型成創意園區的誠品生活松菸店。場域內有兩個有趣的部分，一個是集結三十六個台灣新銳設計師的AXES，以及擁有上百個微型文創品牌的創意生活風格平台expo。參觀者還能參與豐富的手作課程，如手捏陶藝、玻璃吹製技法、金工、木工、客製化音樂盒與紙藝等創作體驗。」

誠品生活松菸店的文創工廠是誠品二〇一三年跨界實演的嘗試，也是文創平台的播種之作，包含二〇一五年誠品生活蘇州店、二〇一六年誠品生活太古店的手作課程，都是延伸誠品生活松菸店二樓手作互動實驗區（Handmade Studio）的概念。

## 與松菸的相遇

事實上，誠品與松菸的情緣是二度相遇。

有些時候，擦身而過是一顆剛播進土壤的種子，等待發芽。二〇〇四年，誠品團隊踏上台北松山菸廠，吳清友帶著吳旻潔、企劃團隊走進這座曾是台灣最重要香菸產出地的工業村，他們是為了松菸文化園區BOT案前來考察，園區內雜草叢生，顯示久無人跡，但吳清友卻看到了松菸的蓊鬱樹木、生態池塘與巴洛克花園，像是遺落世間的城市天堂。

註 1
CNN 評選全球最酷的十四家百貨公司，除了誠品松菸，還包括巴黎的樂蓬馬歇（Le Bon Marché）百貨、倫敦的塞爾福里奇（Selfridges）百貨、紐約的伯道夫古德曼（Bergdorf Goodman）百貨、莫斯科的國家（GUM）百貨、哥本哈根的依路姆斯・波利弗斯（Illums Bolighus）百貨、東京的伊勢丹百貨、巴黎的老佛爺（Galeries Lafayette）百貨、倫敦的哈洛德（Harrods）百貨、柏林的西方（Kaufhaus des Westens）百貨、斯德哥爾摩的北歐公司（Nordiska Kompaniet）百貨、米蘭的 10 Corso Como 百貨、紐約的巴恩斯（Barneys New York）百貨、東京的日本橋三越本店。

他在心裡想著，如果這裡能打造出一座結合人文、自然與創意的基地，那一定是非常美好的場域。

「吳先生健步如飛走在荒煙蔓草裡，」跟在身後的吳旻潔與誠品同事都能感受到他的雀躍。當年，誠品的提案分為兩期計畫，第一期是修復、活化園區內古蹟，第二期再興建文創大樓。第一階段評選結果出爐，誠品為最優申請人。不過，進入第二階段的ＢＯＴ議約過程，部分合作條款對一家民間企業而言，將導致無法控管的風險。雖然花了很長一段時間來回溝通，依然無法達成共識，只好選擇放棄。

二〇〇八年，台北市政府重啟招標，富邦集團邀請誠品共同參與，希望能集雙方資源與優勢，讓松山文創園區成真。吳清友偕同出席決選評審會議簡報時說：「富邦與誠品合作，不是富邦贏，也不是誠品贏，我們希望的目標是台北贏、台灣贏！」

對誠品團隊來說，松菸文創平台不只是創意，也不只是創新，而是如何成功摸索出台灣文創產業通路平台的可持續營運模式。

## 跨界與跨業的集體創作

由於松菸曾是工廠，誠品團隊就從文創工廠發想，不只是賣產品，還把創作過程搬到零售現場。同一個場域裡，吹製玻璃來了、陶藝來了、銀匠來了、音樂盒製作、手作皮件、木工、植栽、香草氣味、書法撰寫店也都來了。

「每個產品都是熱騰騰的，有了現場表演的張力，實演也可以變成體驗課程，表達自己的品牌故事。」吳旻潔說出跨界實演不言而喻的魅力。

團隊開始進行文創品牌招商時，卻經歷許多挑戰。一方面，當時松菸的地理位置原本就不是人潮聚集地，另一方面，進駐的品牌設定為新挖掘與獨家開發的文創品牌與達人，許多都位於台灣非都會區鄉鎮，或偏遠郊區。

誠品生活松菸招商團隊深入調查研究台灣的原鄉文化與創意，從地毯式挖掘，如看展、媒體報導、誠品全台分店同事推薦、人脈網絡，到挑選文創廠商時，都是以「在地、文創、台灣」為核心元素。

「招商名單討論再討論，不夠獨特的、不是原創的、並非在地的，一開始就不會選擇。」誠品生活松菸店長陳儀芳回憶，當時牆上貼了一大張想邀請進駐的文創達人與品牌，超過一半是招商團隊首次接觸。

誠品團隊一個個挖掘、一家家尋訪，其中有傳承五代的，也有第二、三代想幫家傳事業轉型的，甚至有隱身於山林，或對誠品十分陌生的百年老店、工藝達人。過程中，團隊足跡踏上了從未到過的土地，一開始吃了不少閉門羹，有的沒聽過誠品，有的擔心經驗不足，有的覺得北上展店太麻煩。

「他們是很堅持的一群人，擔心與經驗不足是理所當然，需要花很長時間溝通，我們就是想要讓這些好的創意、工藝與文化被保存下來。只要品牌有靈魂、有被發揚的潛力，我們就不想放棄。」有一次，陳儀芳因為不熟北部郊區的交通，訪完店家後，因叫不到計程車，只好踩著高跟鞋走了快半小時的山路。

二〇一三年開幕時，誠品生活松菸店進駐約百個品牌，超過五成來自中南部。二〇一五年來到了一百三十多個品牌，四成以上是第一次進入通路市場，當中還有些人還不知怎麼喊「歡迎光臨」。進駐的品牌裡，有些是年輕人創業的起點，有些是代工轉型品牌的轉折，有些是第一次開分店的嘗試，也有些是品牌已經很響亮，但喜歡誠品生活松菸的氛圍，如吳寶春麥方店、薰衣草森林的香草舖子……。

誠品不只是招商，還把自己當作這些文創業者的共創價值夥伴。團隊和新銳品牌發展故事，為體驗課程設計行銷，替傳統文化提供建議，陪著進駐品牌調整現場陳列、燈光、設計，找出吸睛賣點。誠品生活松菸還為松菸的行銷推廣特別辦了一本《時光》雜誌，把一個個文創品牌、素人經營者、設計師變成一期期的主角。

松山文創園區內，誠品生活松菸店定位為跨界實演的創意經濟實平台，透過跨界、跨業的創新，創作出書店、文創平台、表演廳、電影院、藝文旅館的多元場域。

其中，緊鄰誠品生活松菸店的誠品行旅，是誠品跨入觀光休閒產業的創作。

吳清友二〇〇八年跟吳旻潔提的藝文旅館之夢，二〇一五年化為真實。誠品行旅視野的前景是松菸文創園區的生態池，遠景是正眺信義計畫區的一〇一，歷史與現代建築落在同一窗框，人文生態與繁華時尚並存旅人清單。

想要旅行，就來行旅。旅行與閱讀，都是一種心靈狀態，行旅為旅人注入深厚的藝文靈感，與自然生態、人文閱讀交會，和文創展演、音樂電影對話。

吳清友說，誠品行旅是讓旅人看見台灣的櫥窗之一。「誠品終歸是吸取台灣的文化、人文、土地所有的點點滴滴而生。某種程度，是把很多人內心嚮往、集體潛意識創作出來。這也代表著人對於善、愛、美跟創意是懂得珍惜的、是會欣賞喜歡的、是會感到認同的。」

傳統記憶在誠品行旅裡甦醒成現代工藝，揉合設計風格，經典紅磚、磨石技藝詮釋台灣社會的樸實，反映在地人文的創新。尤其是二樓的「之間（In between）」餐廳，有二十二面多層次立體結構、獨特味道的紅磚牆，由台灣之光、世界砌磚金牌粘錦成帶領七名學生國手用了七千七百塊紅磚，砌作而成，再現純粹的樸質之美。

大廳是歡迎回家的起居室，五千多本誠品選書，任旅人博覽；映入眼簾的雕塑與台灣畫布作品，是當代藝術展廊。命名為「章節（The Chapter）」的餐廳牆面，一幅幅黑白攝影，訴說著台灣古早的風土民情。在行旅裡，一層樓一個年代的台灣攝影作品，彷彿穿越台灣的時空旅行。

公共空間、客房居所裡，有吳清友親自挑選的文化刻印，集結陳夏雨、林明弘、蘇旺伸、黃本蕊等十多位台灣藝術家的作品，讓旅人觀照台灣文化裡人與土地、生命交織而成的感動力量，也再次凸顯了誠品畫廊扶植華人藝術家的初心。

## 心靈五感的創意經濟

有一次吳旻潔出差香港，遊逛了幾間閃亮的精品店，回到咖啡廳頗有收穫地跟父親說：「我剛才發現了精品五感與誠品五感的差異。」

「精品五感是由上往下的尊榮感、虛榮感、罪惡感、失落感與挫敗感。前三者都還能消費，只是消費的層次不同。」她一一說明之間的差異，「誠品是不同的，誠品五感是由淺至深的飽足感、成就感、歸屬感、幽默感與使命感，不論有沒有買書，都有機會經歷這五感。」

「飽足感」是讀者可以在誠品看遍所有想看的書，讀得飽飽的卻不一定要花錢。「成就感」是讀書的過程中有所學習，書本在生活中具體發生作用，也許是獲得知識或技能，也許解決疑惑或難題。「歸屬感」則是透過閱讀了解自己，不再覺得格格不入，即使孤獨，都覓得一個安頓自己的歸依之處。「幽默感」來自於經歷前面三個過程，生起了真實的自信心，可以舉重若輕，開自己玩笑，以相對柔軟的心境回應看似堅硬的世界，「最後，『使命感』可能是一種自然的結果吧！因為當一個人已經不把自己看得那麼重要，就自然開始會希望對別人有用吧！希望有能力帶給其他人快樂。」吳旻潔形容。

誠品生活松菸店的風格啟程也由此五感綻放，誠品團隊朝著創造心靈五感的正面能量去延伸想像力，形成創意經濟基地，歡迎所有想尋訪心靈五感的人們來待上一天。

地下二樓是誠品以積累的文創展演經驗與深厚藝文資源，首次跨足的電影院與表演廳。三間影廳與表演廳的聲學、燈光與內裝設計出自普立茲克建築獎得主、台北文創大樓建築設計者伊東豊雄與多個劇場專業團隊之手。戶外有座延伸至一樓的大面植生牆，引進灑落的光影，協奏出音樂、創意、電影與美食的幸福奏鳴曲。

誠品電影院的選片以藝術電影為主，包括國內外各大影展的藝術電影、獨立製片、華文創作電影、紀錄片、動畫，以及人文議題的院線電影，譬如「週日經典電影院」，由誠品策劃的人文與藝術經典電影。

出乎意料的，原本不喜歡出門的長者觀眾，日間拄著枴杖，緩緩走進誠品電影院。有一年父親節時放映《大法官》，因為不是院線檔，選片的放映只有在特定時段。在那段放映期，常見中年爸爸帶著老爸爸來看電影，戲裡戲外畫面一樣感人。

誠品生活松菸店的「誠品表演廳」，每年賠上新台幣一千五百萬到兩千萬元。

「我們能為園區創造什麼？為這塊土地留下什麼？全日本有百座以上民間自營表

演廳，台灣也需要有具國際水準的民間自營表演廳，讓那些排不上國家表演廳檔期的年輕朋友、藝文團體，有機會在正式、專業的表演廳演出。」在吳清友的觀點裡，城市的表演廳應該是一盞母火，為社會、藝文團隊、企業搭起平台，讓城市的人文藝術風景萌芽、蔓延與發展。

在這樣的使命感之下，即便事先在財務規劃已認知到表演廳注定會是「千萬虧損」的空間，誠品還是決定要做。

「你們好好做，我虧的心甘情願！」時任誠品展演事業群主管曾喜松回憶自己剛接下這個職位，吳清友對他說了這麼一句話。

「我們想要做一個邂逅美好的生活場域，這個場域不只是讓大家來看場表演與電影，還要有心靈教育的收穫與社會責任意涵在其中。」曾喜松與團隊一方面做展演事業，一方面想著如何結合公益，與外部資源合作。比如與企業合作包場，幫助弱勢團體；舉辦七百多個寄養家庭的孩子來看展演的活動，讓他們也有機會接受藝文薰陶，「藝術人文終歸是善的美好，誠品的精神不只想把事做好，更想做好事。」

透過跨界實演的概念，松菸三樓的誠品書店則化身為文化生態的創作者，融合書與非書的創意，聚合人與文化的脈絡，創造閱讀多元化的體驗。書區分類打破類別限制，以「原鄉時尚、無限想像」為定位，打造中外文學、謬思人文、知性樂活、創意美學四大特色書區。

比如，知性樂活是結合書籍、文具和生活用品等混搭演出，回歸生活本質。如美食書旁就有書上的食品，還有台灣第一個結合茶與閱讀的文化主題館，傳達出茶是台灣文創特色，一家一家特色茶店，招呼人們入內沏茶。

創意美學從品牌引薦與文創議題呈現出發，結合書籍、藝術家、設計師作品、由圓弧書櫃圍繞的 FORUM、誠品音樂黑膠館呼喚讀者前來捕捉靈感。

「很多事情我們雖然要事前評估效益，但該浪漫的地方，我們會比別人更浪漫。對於人文藝術的本質，Mercy 還是很堅定，堅持我們要努力去做。我們的功課是在這個理想堅持下，找出未來能有什麼樣的新營運模式？」潘晃宇舉例，面對實體音樂產業衰退，團隊思考如何改造音樂館，除了把黑膠唱片變成一種文化復興運動，還成立誠品音樂黑膠館，以「音樂即生活」的概念策展，努力推廣優質音樂作品。

人文文學書區裡，以主題閱讀匯集文化深層樣貌，知識書牆的上方串聯了十二台高解析投影裝置，流轉出台灣的山光水色、蟲魚花鳥與人文記憶。

二樓的創玩藝空間，金工、皮件敲打聲響是創作的聲韻；攝氏一千兩百度玻璃窯爐的橘紅色光芒是場域的熱情；刺繡、手紙、筆墨是流洩出生命記憶，這層空間共有超過十種的手作課程，用觸覺喚起「成就感」，具有快樂的療癒效果。

樓面另一端，誠品書店的自創品牌「living project」首次問世。選品概念以美好生活提案為主軸，構築「家」的概念，結合家具、衛浴、配件、庭園雜貨等全新開發商品，及各具風華、精心揀選的文具小物，讓每一位遊逛者充分選擇，實踐自己的幸福生活提案。

在松菸的場域，大的櫃位思維也嘗試小規模、多單元的市集，打破櫃位線思考，增加品牌樣態的豐富性。繪畫可以跟植栽融合展演，零售現場可以成為體驗教室，服務者也可以化身為教導者。

松菸店的創新亦回過頭帶動其他店別的改裝。二〇一五年，誠品信義店四樓重新改變，打破櫃位隔間，設計成遊逛性小市集。改裝前一晚還是空地，隔天早上十點，廠商把事先圖審規劃完成的道具組合各就各位，就能開始營業。

## 創造實踐夢想的平台

許多滿懷熱情與創意想法，尚未起頭或剛起步的微型文創工作者很難直接進入一般商業平台。因為創新成本過高，與市場需要時間磨合，文創場域或平台的經營者很難有立即與實質的獲利。

松菸招商那一年，招商團隊在敦南店舉行首度聯合招商說明會，來了九十多位文創工作者，很多人就是一卡皮箱來到現場，展示他們的作品，但不是所有的人都需要或有能力租下一個櫃位。這些人裡面很可能有明日之星，但在那之前，他們需要的是能被看見的平台。

誠品生活通路發展事業群執行副總經理歐正基提議，不如創立一個能夠集合這些獨立設計師、個人創意的品牌平台。當時招商團隊覺得這點子有點天馬行空，吳旻潔卻表示贊同。她認為，平台就是讓大家統統可以活絡起來，而誠品生活松菸店就是一個文創平台，「同屬一個場域，有些品牌能貢獻較多營收、有些是剛成立的微型文創，它就是一種平衡，量化的目標不代表平台經營者要妥協質化的堅持，理想可以設定在目標裡，只要不賠，我們就 try。」

因而，誠品生活文創平台成立了兩個品牌：AXES（創意時尚平台）、expo（微型文創博覽平台）。AXES 是「Apparel×Eslite Spectrum」，聚焦華人新銳設計師，打造展售合一的時尚流行創意平台。expo是「eslite×platform original」的博覽會概念，專門提供給台灣的微型文創與設計工作者，聚集超過上百個新創生活品牌，領域擴及生活良品、創意雜貨、健康好食材、手作設計商品。

然而，這樣的事業發展要不賠錢卻不容易，這兩個品牌至今雖然仍未獲利，在歐正基的堅持和團隊的努力經營下，二〇一三年開始，expo 結合原誠品生活的「肖年頭家夢想市集」擴大徵件，發掘值得被看見的微型文創，二〇一七年來到第六屆，更運用網路平台，讓徵件「全年無休」。前三名「expo 頭家之星」保證入駐誠品生活文創平台 expo，二〇一六年的 expo 頭家之星手工糠皂、玩食插畫，透

eXPO
eslite
platform
original

過 expo 的育成平台，品牌變得更有樣貌，知名度與營收因而倍增。

由於這種文創工作者的商品件數少，初期也沒有投資與設櫃的能力，透過誠品生活的文創平台，只要一個小櫃子或是一根衣桿，他們的作品就有面向市場的機會。誠品生活同時提供營運管理顧問經驗，包含重新調整商品包裝與視覺識別、輔導產品訂價策略、陳列方式和行銷資源，進行整合展售，培育深具潛力的華人微型文創。至今，AXES、expo 已開始以精選概念店進駐誠品生活以外的通路，積極為所有參與平台的文創工作者開拓市場。

文創是門好生意？是，也不是。

自一九三〇年代美國在經濟大蕭條時，提出「文化創意產業」一詞，鼓勵年輕人創業，成功刺激經濟復甦。一九九七年開始，文創產業成了世界各國的重點產業，英國第一個具體立法，落實為國家政策；在亞洲金融風暴元氣大損的南韓也以文創振興經濟，成功輸出文化內容產業。

「在台灣，對於文化創意產業的分類共有十多項，包含視覺藝術、音樂表演、展演設施、工藝產業、電影、出版、電視廣播、廣告、建築、室內設計、設計品牌時尚、流行音樂、數位內容與創意生活產業等。這裡面每一個類別都涉及多種可能的營運模式，但可以確定的是，都不容易獲利，而且絕大多數需要長期耕耘與經營，才逐漸能累積底蘊與本錢來思考獲利的模式。」吳旻潔說，「誠品只是廣大的文創產業裡面其中的一種可能而已。所以，誠品希望做的，就是當因具備健康的營運模式而有利潤的時候，可以再付出、再投入，促進我們身處的產業更加繁榮，甚至衍生更多新型的營運模式。」

松菸店兩週年時，誠品生活策劃了「光合敘事・微型紀錄片」，裡頭有創意新生、有歷史傳承、有傳統革新的八個品牌故事。如夕遊品牌創辦人莊世豪在微紀錄片裡說的：「我認為誠品的理念是最好的，因為她把台灣的整個文創集中在一起，這是讓台灣文創成長最好的一個平台。」

# 13 「文人古城」新光合作用

## 誠品生活蘇州

我們都能感受到生命並不孤獨，如果能夠理解自己其實並不孤單。一如佛洛姆說，人最深沉的需要是離開他的孤獨牢獄；人——一切時代一切文化中的人——永遠面臨同一個問題，這個問題是如何出脫隔離，如何達成結合，如何超越自己的個人生命而找到合一。

在人類社會裡，這個答案在於愛；在自然萬物裡，在於光，因而人類總渴望有光。光劃分了晝夜，界定了裡外，是天地間最美妙的自由。

提及誠品，人們總愛這麼說著：「到台灣，去誠品，看人的風景。」現在到了蘇州的誠品，可以多看一道「光的風景」。在許多臨倚湖泊、河岸的建築裡，光線會隨著閃爍水面流光，間接入屋，緩緩移動。天晴的下午時分，蘇州金雞湖面的波光粼粼拓染至誠品，水光結合著鏤空圓頂灑落的日光，構成一幅連續性的流光影面，每刻皆有細膩變化。

人的風景與光的風景交織融合在誠品裡。在挑高清水牆上泛著光舟，空間裡，無重量的光彩令人聯想到「我看到許多發光的靈魂正圍成圓圈在跳舞，有些行動敏捷，有些則慢一點。」[註1]有些光將戶外景致延伸至室內的水平拓展；有些光來自於上方窗孔的垂直導引，向下開展想像的場域；有些光是在室內相交，連結、跳躍、聚焦於虛空裡。

如果說，原鄉的土地是臍帶，新來到的土地就是光合作用。

海明威說：「也許離開了巴黎，我就能描寫巴黎了，一如在巴黎我才能描寫密西根。」或許，離開了原鄉台灣，也更能描繪出誠品從來就不只是一間書店，而是一個與閱讀文化、與城市創意、與當代生活集體創作的品牌。

**註 1**
引自於但丁作品《天堂》。

蘇州是誠品在大陸選擇的第一個家。從北緯二十五度延伸北緯三十一度，新的誠品地圖就坐落金雞湖畔。她展現了「Dymaxion[註2]」的多元動態思維，從文創場所拓展為「誠品生活蘇州與誠品居所」的文創綜合體，從一片土地開始，徹底展示了她的創作邏輯，建造有靈性的建築，全新論述了她對「家」的場所精神。再次證明了誠品因著多元場域的特性，已經成為具指標性的華人文化創意品牌。

## 自然與人文的共融基地

二〇一五年十一月二十九日，誠品生活蘇州開幕。就像追星瘋潮，一到週末與連續假期，從大陸各地湧進的讀者，讓誠品到了蘇州不得不做一件在台灣沒做過的事——人流管制。

開幕儀式當天，吳清友在致詞的最後，虔誠獻上三個鞠躬禮：「第一個鞠躬，向蘇州這座文化古城行最敬禮；第二個鞠躬：我們懷著謙沖與虔誠之心，向這片土地、這棟建築與空間，表達深深的敬意；第三個鞠躬：向所有協助完成這個項目的先進與朋友，表達由衷的感恩與謝意。這包括從中央到省市與園區政府的熱

**註** 2

Dymaxion，是被世人稱為奇才建築師巴克明斯特．富勒（Buckminster Fuller）所創一詞，意指組成的「Dynamic（動態）」與「Maximum（極大）」兩字。富勒曾以「Dymaxion」概念，繪製出世界投影地圖，地球可從不同中心出發，重組成不同樣式。比方，以北極為中心，就產生北極的地球圖，如果再以歐亞為中心，也會產生另一張形狀的地圖，根據富勒的概念，每個人都能以自己的所在地為中心，畫出新的世界地圖。

心服務，所有的合作夥伴、所有不眠不休的廠商與誠品同仁，尤其是辛苦流汗的勞動工人，他們盡心盡力，我們點滴在心頭。」在蘇州，誠品一樣回歸生活與土地，尋找在地的生命頻率，深刻觀察，思考符合當地人文風情、環境景觀，以及能與在地文化共同創作的模式。

只是，大家都在問：「為什麼是蘇州？」

時值二〇〇九年，誠品書店與商場團隊一行人到上海考察，誠品生活通路發展事業群歐正基執行副總經理也在內。他在車上接到時任蘇州工業園區招商局處長白新宇的電話，邀請他們來蘇州走走。

說起這位白處長，歐正基不得不服氣他的耐心。早在二〇〇七年，他就率領蘇州工業園區招商團隊來台灣拜會誠品，希望誠品能到蘇州展店。歐正基也很明白告訴他，誠品並無大陸的展店計畫。白處長笑嘻嘻表示知道了，還是每年都來拜訪誠品。

歐正基跟吳清友報告白處長來電一事。「吳先生，既然來上海了，我們是不是去蘇州一趟，車程不到兩個小時。」歐正基了解自己老闆重人情義理的個性。

「有時間乎（台語）？我們是該禮貌性回訪。」得到吳清友的首肯，歐正基回電給白處長。誠品一行人到了蘇州工業園區，真讓他們見識到傳說中的大陸官員招商效率。短短時間，當時蘇州工業園區書記的馬明龍與各局處官員等重要人士全到齊。

蘇州工業園區於一九九四年開發，相較於蘇州舊城區，是生態宜居概念的ＣＢＤ新區，綠覆率超過百分之四十五。區內的金雞湖畔是以國際頂級 HOPSCA 元素（Hotel、Office、Park、Shopping、Conference、Apartment）進行規劃，兼具自然景觀、人文生活、商務辦公與文化建設。蘇州市政府認為在湖畔一定要有像誠品這樣的文創品牌，才能使整體城市功能規劃更加完整。

其實，蘇州市政府留給誠品的那塊基地是所有開發商夢寐以求的寶地——面鄰湖畔的第一排，以它為中心的左右後三側，有洲際、凱悅等國際酒店（Hotel）；九龍倉國際金融中心、新鴻基大廈等金融商務中心（Office）；金雞湖公園、摩天輪主題公園（Park）；久光百貨、圓融購物中心、新光天地（Shopping）；國際博覽中心、文化藝術中心（Conference）。

「吳董事長，您看！那塊地多漂亮！我們找不到適合的項目，寧可空著等。」蘇州工業園區官員帶著誠品團隊遊看金雞湖畔，展現最大的邀約誠意。為了讓誠品在蘇州安心發展，降低營運風險，還鼓勵誠品買地自建人文住宅（Apartment）與文創商場的文化綜合體。

回台後的第二天，誠品就收到蘇州工業園區傳來的基地圖。

約從二〇〇六年開始，就有來自大陸各大城市的展店邀約，但吳清友認為，誠品不急於海外展店，至少在五年內，應先把企業體質做好才對。二〇〇九年上海考察之行回來後，吳清友才開始考慮西進。但誠品究竟應先在哪個城市落地生根？

連歐正基在內，誠品主管們的首選是上海，這個大陸首屈一指的商業大都市。但吳清友卻認為，誠品若要赴大陸發展，必須先有一個可以安身立命的據點，他的心中之選是蘇州。

「政府官員連續三年想把誠品找到蘇州，對他們的盡心盡力，不管說是為了達成政績，還是為這個城市未來的美好，我是相當感動的。我總覺得人類的生活有兩個最重要的部分，一個是自然，一個是人文。有那麼好的金雞湖畔自然美景，周邊規劃那麼好，又有地鐵，走路到我們基地三分鐘，還要求什麼？」

經過多次內部會議，吳清友不斷說服大家，蘇州這座千年古城擁有獨特的精緻典雅與文化底蘊。基地又靜倚金雞湖畔，位居CBD核心，「從產業上，我當然明白蘇州的消費力不及上海、北京那樣成熟，因為服務業的產值跟生活的形態息息相關。但誠品既然決定要到大陸發展，不應該做游牧民族，我們是要落地生根的、永續經營的，我們需要有個家。」他要大家不用擔心市場，「蘇州本身能吸引大陸各省市的遊客與國際觀光客，我們的面向不單只是蘇州的本地市場。」

在吳清友的想像中，金雞湖畔的靈氣，就如亨利．梭羅在《湖濱散記》裡的形容：「湖是風景中最美麗、最富於表情的姿容，它是大地的眼睛，讓看著它的人可以顯露自己天性的深度。」

「當誠品在談論對環境的各種觀念時，其實是提供一份生活提案。當中包羅了一種態度、一種價值、一種創新，就像古人說的師法自然。自然就是一本無字天書，想像有一棵大樹是你的好友，有一片大湖是你的至交。誠品若能在此創作人文、藝術、創意要融入生活的核心價值，真是難得的因緣俱足！」他說。

## 湖畔的心靈建築

吳清友心裡有個建築夢，在三十多歲時，曾跟太太說想出國讀建築設計，公司可否交給她管理一、兩年，太太回他：「可以啊！如果你不怕公司被我弄倒。」後來因經營誠品，更加抽不開身，這個夢想便被他深藏於心中。

當踏足蘇州的這塊土地，彷彿就像他喜愛的弘一大師因杭州觸動研佛念頭，他有了想像的機會——誠品是否能做出真正與自然調和，並讓環境因有了誠品而變得更美的靈性建築呢？

二〇一〇年五月二十六日，誠品正式在蘇州簽訂合約，二〇一一年五月二十七日動土開工。誠品生活蘇州建築群由台灣首位獲美國建築師協會榮譽院士的建築大師姚仁喜所設計，三角形基地的文創商場以及兩棟居所塔樓，總建築面積約三萬九千多坪。四年多後，這座湖畔靈性建築靜謐成形，閱讀著人，閱讀著四季。

城市空間的思維是誠品從台灣到香港，再到大陸的關注思考。當決定展店地點後，誠品團隊會先思考他們能帶給這座城市什麼？帶給這裡居民什麼？跟誠品其他四十多店家有什麼不同？除了店型定位和商品特色，同時包含營運模式的思考。

以蘇州為例，誠品團隊定位誠品生活為「一座風格閱讀、創意探索的美學生活博物館」，加上位於蘇州金雞湖畔的黃金ＣＢＤ位置，因而形成城市文化生活綜合體的概念。

除了以誠品為中心形成的文化場域，兩側還矗立著誠品首次創作的家。兩棟塔樓樓高百米，分別為二十四層、二十六層的居所，均能直通下方的文創商場。書店如同家中的大圖書館。

住宅，是建築的原點，尤其在思考居住的意義時，能把人們推回生命為何的命題。誠品對於住宅的詮釋在於探索內心深處的靈感。

誠品居所營銷總監莊明龍在大陸銷售房地產多年，二〇一三年初加入誠品，初期非常不能適應。習慣大陸預售就完銷的莊明龍想要早早起跑，創造銷售佳績，吳清友卻跟他說不用急，誠品居所不是想急著賣房子，而是要傳達一種美好生活價值與意義，等樓下的誠品書店與商場開幕了，大家會更有感受，現階段應將心思放在建築設計與施工品質上。

令莊明龍印象極深刻的是，吳清友看居所的文案，可以想一個月之久，「要是其他老闆大多就迅速定案，盡快開賣。」

在設計階段，他常接到吳清友的電話，確認設計細節與建材質感。二〇一四年除夕，莊明龍突然接到吳清友電話，詢問居所規劃的廚房瓦斯爐火燃點是多少，他回答按照一般標準，選用三千點到四千五百點，「結果，吳先生要我們全部換掉，改為五千點以上，因為那才符合中式料理的烹調條件。他對小細節要求的細緻程度，你是講不過他的。」經過一年磨合，莊明龍從慢慢接受，到開始享受誠品的人文思維，「原來商業也可以這麼有文化內涵。」後來，反而是他不能忍受營銷團隊使用太多銷售話術，要求他們要真心誠意分享一種美好的文化生活想像，帶客戶去河岸散步、欣賞湖光景色，再到誠品生活蘇州逛書店、聽講堂、品嚐咖啡，體驗場所精神。

在營運模式面，誠品在蘇州的新作——誠品居所——能夠保障誠品追求更可靠的資源配置。就未來動能面，能夠把「生活在誠品」的美好想像落實出來，協助誠品成為華人文化創意品牌，及成就與整合大中華區如大陸、香港、台灣的生活產業資源。

## 「淨、探、聚」的開闊場域

建築從來就不只是建築，而是與文化、心靈有關，就像安藤忠雄說的：「亞洲時代來臨了（全球經濟），文化建築同樣關係重大。」誠品生活蘇州既是文化，也是建築。從形式意義來看，是聚合城市人文化生活的建築體。從精神意旨來說，文化本身就是一種建築的過程。

文創商場約一萬七千坪，依著戶外地景，設計三個入口廣場，北向湖畔，南臨河岸，東對大街[註3]。人由三面聚集而來，進入挑高十八公尺，並延伸三十公尺的宏偉大廳。三個入口就像三條軸線，讓來者清楚定位方向，進入以「淨、探、聚」串起的開闊、博大場域。

淨、探、聚是從地下一樓到三樓的誠品生活蘇州的空間垂直軸線，是這座人文場所、美學空間的遊逛意趣。這條淨、探、聚的空間軸線由姚仁喜所提出，也像是宇宙時間軸線，有種穿梭於過去、現在與未來的意境。

因挑空設計而形成的地下一樓到二樓中庭廣場定位為「聚」。聚，是過去的因緣聚合讓人們在此相遇、滙聚。這裡也是舉辦美學生活講座、舞蹈課程、裝置藝術、音樂表演和熱鬧市集的重要場域。

廣場前的「誠品生活采集×蘇州」是誠品落實在地人文與創意美學、接地氣的新空間提案。在這座擁有千百年文化的古城面前，誠品迎來了蘇州的蘇繡、緙絲、蘇扇、核雕、桃花塢木刻年畫，五大非物質文化遺產。

**註** 3
誠品生活蘇州全館引進約兩百個精選品牌。地下二樓為停車場，約兩百個車位；地下一樓是潮流生活，包含誠品生活采集、文創市集、潮流服飾配件、鞋履、自行車、各式料理；一樓是風格美學，包含品牌概念店、國際品牌服飾、原創品牌服飾、3C 數碼、花藝、複合式餐飲；二樓是創意設計，包含誠品書店、誠品風格文具館、誠品兒童館、誠品墨冊咖啡、設計用品、家居雜貨、手作教學、莊園紅酒；三樓是人文視野，包含誠品書店、可容納五百席的誠品展演廳、誠品精品文具館、雲門舞集舞蹈教室、料理、輕食；四樓是樂活健康，Yoga wave 進駐。

在這裡，不會只看到傳統工藝與衍生的文創作品，更與技藝傳人、蘇州博物館、蘇州工藝美術職業技術學院（蘇州工藝美院）、企業等跨界合作開課。在誠品的文創場域，老工藝經典重生為當代生活的藝術美學，歷史與傳統氛圍得以蔓延。比如，以核桃、橄欖等果核雕刻而成微型核雕入駐「誠品生活采集×蘇州」，開發核雕擺件、掛件等創意商品，讓核雕真正進入市民生活；蘇州工藝美術職業技術學院並定期在「誠品生活采集×蘇州」舉辦陶藝、銀飾、刺繡等手作課程，藝術家在現場展售作品，也親自教授傳統工藝技法。

「我們想要讓傳統工藝傳承下來，更走進大眾生活裡。這也是誠品生活在蘇州的文化使命。」蘇州誠品生活副總經理李妃婷說。

會有如此想法源自於誠品生活招商團隊在尋訪當地文創工作室與店家時，發現傳統工藝面臨沒有傳人或不夠廣為人知的問題。誠品期許成為台港陸三地的文創平台，渴望發掘在地文化，活絡在地精采的人們和故事。吳旻潔指出，透過展售與推廣，誠品也許有機會走到經紀和代理的營運模式，「我們要做好、做深，變成內容產業，但不能太急。持續、實在的做，不是做大夢，口碑必須隨時間形成。」

「探」，是當下存在的探索。由軸線長達一百八十公尺的南北兩端入口進入時，各有高十八公尺、寬六公尺、深三十公尺類美術館的大堂，緊接著是一共七十二階的石材大步梯，亦是整座建築最重要的人流動線。

「我一直相信，建築要像舞台，應該是眾人活動的劇場，人在建築中要同時像觀眾，又像演員。」姚仁喜認為，空間的想像需要一種鏡頭感，「像電影中的鏡頭移動，你到一個好地方，會覺得這個地方太好拍了！你一進來，看到一座大型步梯，有三個主要的平台，可能會看到人走上去、走下來，又有人從二樓橫穿、消失，三樓又有一個平台。這是一個很精采的空間，它具有向度：有人垂直移動，有人水平移動。戲劇的空間一定牽涉水平、上下移動，這些在電影中都能看到。我們不是在拍電影，我們是在做一個大布景。」

在他的「建築是舞台」概念下，走在誠品生活蘇州的空間裡，人們會覺得自己像是在表演，同時也看到許多人，「坐在台階上，坐在高處，走來走去，所有的空間都要滿足人表演與觀賞的需求，相互參與、相互觀賞、相互演出，那會讓人在空間中有趣味，有共通感，甚至有安心的感覺。」這種觀看與被看的空間趣味，讓很多人寧願走大步梯而不坐電扶梯。

開幕時，南北大步梯的右側是「誠品選書展」。一張張巨型書籤錯落於格柵，從一九九〇年代開始至今，依序由下往上，排列出誠品年度選出的書名與作者。設計本意是透過歷年選書表達誠品成立的歷史與核心價值觀念，立即成為拍照與集合的景點。由於大受好評，「誠品選書展」一直到蘇州店滿週年前才功成身退。

「建築的故事」裝置展接著登場。挑選全球數十位精采的建築大師作品，瀏覽建築大師手繪圖稿，親炙時代思想信仰，從大步梯到三樓的穹頂天窗，彷若有一本立體的建築史，展頁於浮光掠影中。

緩步在七十二階的大步梯拾級而上，不妨感受著古人喜用這數字的用意。七十二是古代曆法的計算數字，與人們的生活、生產息息相關。古人將一年三百六十五天分為七十二候，源自東、西、南、北、中的五行思想。清末民初新月派詩人聞一多，將七十二這個數字定位為一種文化活動的表徵。

恰巧，文化活動正是誠品講的「人、空間與活動」場所精神的要角之一——因應四季時節，在不同時光，舉辦各式各樣的文化活動，不管是音樂、戲劇、表演、戶外電影、詩歌朗誦。人們可在此閱讀、書寫、飲茶、品咖啡、賞音樂，或到可

誠品生活采集×蘇州

容納五百席的誠品展演廳看展，或在大 Forum 參與誠品閱讀大講堂，過上一日文化生活。

「淨」，是通往未來的儀式，站在三樓誠品書店正前方光合廣場的玻璃穹頂下，沐浴於金雞湖畔的陽光雨露、繁點星光的純淨，像是進入知識殿堂前的心靈浴光。

「大型步梯讓人一層層向上爬，最高層就是誠品書店，這具有一種象徵意義——不能說是神聖，但有一種令人敬仰的氛圍，爬到最上面的那一點是書店。」姚仁喜形容。

誠品書店橫跨二、三樓，面積占總體的四分之一以上。全店分為中外文學、人文社科、藝術設計、生活風格、趨勢學習的五大書區，共陳列十五萬種、五十萬冊來自世界各地、兩千多家出版社的中外文書籍。兒童繪本囊括五大洲，並引進數百個海內外文具禮品品牌。

在書區裡有三處特色空間，起源於信義誠品的實演廚房（Cooking Studio）、新概念的文學茶薈和視覺實驗室註4，呼應著書店裡的五大主題：飲食文化、視覺藝術、音樂與咖啡、文學與茶、閱讀沙龍。

二樓常設誠品風格文具館、誠品兒童館，而誠品自策經營的墨冊咖啡（blackpages café）坐落在二、三樓書店樓梯的中央，歡迎客人點杯文學咖啡，聆聽一旁音像區的音樂沙龍賞析。

光窗共構的角落，也是可閱讀的風景。誠品跟一般的商業空間不一樣，她沒有把商業極致化，場域呼應自然環境、人文景觀，留了特別多的公共空間，像是綠意平台、河岸邊階梯式的水岸大道……，供讀者轉換心情，駐足小憩。場域內，西方建築結合蘇州園林，廊道蜿蜒，處處是能坐下來閱讀的共桌單椅，慢慢走進從容、沉定裡，身心安頓，不再孤單。

這樣特有的優雅人文氛圍，讓進入誠品生活蘇州的人們，不自覺放慢腳步、輕聲細語，排隊變得有秩序，一趟走下來，就會發現，空間能改變人們的心緒，人們會順應場域的氛圍，反思自我的行為。

**註** 4

文學茶薈區以茶為媒介，展示東西方茶道書籍，並集結了茶具、香器、精緻小食等，在這裡可以邊看書邊品茶；而在沙龍閣樓「MINI CUBE」微講堂，不定期舉辦文學、史哲、藝術等文化講座。藝術書區上方的閣樓——視覺實驗室，也是誠品在蘇州的首次嘗試，閣樓展出內容為視覺、影像創作方面的作品，同時結合藝術展覽等。

誠品生活蘇州建立了文本架構，接著就是蘇州人集結各地旅人的集體創作，「裡頭的每個人都是演出者，都是參與者，每個人的神情、心情、容顏、行為、心念都會構成誠品生活蘇州的時刻精采。」吳清友說。

## 精進是一條持續的路

誠品團隊在蘇州吃了不少不足為外人道的苦頭。所有企業赴海外發展都有自己的辛酸史，誠品也一樣。例如，因為名氣大，一開始被許多工程包商認為是肥羊，漫天開價；也有找錯團隊，徒勞無功，打掉重來的艱辛歷程。

從初來乍到的懵懵懂懂，前進路程的受騙延宕，跌倒爬起的扭轉情勢，誠品蘇州團隊全都經歷過了！吳旻潔、李介修兩人在開幕前兩年半，每星期從台北飛往蘇州，至少待上三天，終於順利與在地團隊於二〇一五年十一月開出誠品生活蘇州。吳旻潔曾請教一位前輩赴大陸發展要注意的事，「他說，最重要的就是風險管理，我剛開始不懂，後來逐漸懂了！犯的錯少一點，就能走得快一點。」

| | | |
|---|---|---|
| 誠品書店 | 誠品畫廊 | 誠品講堂 |
| 誠品藝文空間 | 人文·藝術<br>創意·生活 | 誠品電影院 |
| 誠品文創平台 | 誠品行旅 | 誠品居所 |

對誠品團隊而言，展店後，營業的精進才剛開始。「優越感很多是以管窺天的渺小心態所放大形成的。」李介修在蘇州主管週會時，不忘提醒誠品團隊要保持低調、謙遜。

書店資深營運總監郎正中說，誠品蘇州仍有須努力的三大目標，「一是在大陸傳承台灣誠品善愛美的企業理念與精神；二是在大陸電商衝擊與閱讀方式改變下，尋找可持續的獲利模式；三是成為面向整個大陸的發展基地，因而營運實務的積累、兩岸團隊動力的凝聚、SOP的建立、各地與跨領域人才的融合……等，都要持續精進。」

二〇一五年的誠品生活蘇州，讓她的事業體剛好形成一幅「九宮格」圖：誠品書店、誠品畫廊、誠品講堂、誠品藝文空間（誠品展演廳／誠品表演廳）、誠品電影院、誠品行旅、誠品文創平台、誠品居所。跨越不同產業卻都是人文、藝術、創意融入生活的論證，也是誠品始終如一的品牌信念。

「閱讀已經不是靜態、傳統的，閱讀其實是動態、現代的，跟生命、公眾、生活、嗜好結合在一起。在知識水準不斷發展的兩岸社會裡，閱讀已經形成更多的面向。所以，我們在思考如何把書店、閱讀跟更廣泛、多元的活動結合在一起。」吳清友說，通過量化，能夠提升質化，「當規模愈大時，愈有能力去做一些以前不能做的事，尤其與許多表演藝術相關的活動。當誠品更具規模經濟，更能衍生出這方面的價值。」

實際上，誠品生活蘇州讓誠品真正變成台港陸的文化創意交流平台。至今，在台灣、香港及大陸已促動四千五百家出版社、十一萬種華文出版品相互交流，以及數十個台灣文創品牌與誠品攜手走進香港和大陸。二〇一六年，誠品人流創下兩億人次的紀錄，相當於一個巴西的人口，超過美國人口的一半。

每年數以億計的讀者往來於台港陸三地的誠品：他們所創造的文化能量，推動誠品的經營領域逐步擴及生活與生命的多種面向，並聚焦文化創意產業的營運模式。誠品與蘇州這座城市，合作開啟了當代兩岸文化生活的光合作用。

# 14 由誠啟程

傳承與接班，一直是企業永續的課題，相較於經歷與能力，接班人能否堅定保持著創辦企業的精神，會是根本關鍵。

於吳清友而言，創辦誠品是他生命的追尋；於吳旻潔而言，經營誠品是她人生的選擇——她對家人的愛、對自我的期許、對團隊的責任……，眾多的因，形成她承擔責任的果。

從二〇〇四年初入誠品至今，對吳旻潔來說，這十三年的旅程，也是名副其實的旅「誠」。

誠，是誠品的企業文化，更是吳家的家訓——吳旻潔的祖父吳寅卯用他的生命展演了何謂誠以待人，留得清白在人間。

「誠以待人，這是父親給我的禮物，」吳清友從父親身上看見了一個從富有到貧困，仍堅守「誠」字的硬氣生命，「他的人格、價值、信仰、生命遭遇是我親眼所見，初中時，他為人作保而受累破產，從董事長變成挑糞餵魚的工人，但他在那段做工還債的日子，堅持苦，也要苦得清清白白。」

相隔一代，吳旻潔在吳清友身上看見了一位堅持為人處事要問心無愧、光明磊落的人物，甚至，用「純真」兩字形容父親。

「老闆有種純真，他誠信、正直，亦認為每人皆應如此，時常感恩很多人、許多事；他言行一致，如果覺得你有什麼要改進之處，寧願當面告訴你，少在背後議論；他對金錢不很執著，小時候我在他的書桌看見他寫在便條紙上的這些短句：錢來錢去，來來去去，來去之間，但求心安！在當時小小的心靈中留下了深刻的印象。」

「老闆」是吳旻潔進誠品工作後，稱呼父親的用語。在家時，她也叫父親老闆。母親忍不住逗趣跟她說：「妳一直叫他老闆，他會以為自己在家還是老闆。」

吳清友也有「硬氣」的一面，除了挺過誠品虧損十五年，路見不平時，還會見義勇為。吳旻潔記得，有一次深夜，在回家的路上，遇到一對騎機車的男女被十多人包圍，眼看衝突在即，吳清友二話不說，要求母親停車，並下車出聲勸阻。

在車內的母女兩人心想，對方有十多人耶！血氣方剛，來勢洶洶，趕緊打電話報警，催促吳清友快點上車。

還有一個故事是誠品總經理李介修的深刻記憶。李介修剛進誠品時，有一次參加每月的經營管理會議，聽到一位餐旅事業的同事報告，有位南部老闆開業不久因周轉不靈，付不出設備款項。按業界規則，如果公司立即回收設備再二手售出，還能小賺一筆。吳清友聽後不悅的說：「沒有一個老闆在創業的時候就想倒帳，你們不要趁火打劫！」

領導者真正重要的是有沒有勇氣選擇未來。「我們老闆有個特質，他看到機會，都會認為那是獨一無二的，是上天給的好因緣。同業認為那些不太具備商業價值的案子，在他眼裡，誠品都要有一種使命感去做好。」吳旻潔說。

她的兒時回憶裡，吳清友是一個要求子女品格的父親，「我們小時候去別人家做客，回家時，他會在車上說，今天哥哥表現幾分，妹妹表現幾分。妹妹做的哪件事不乖、不對，哪樣菜自己愛吃就一直夾，沒有顧慮到別人。」

不只是父親，母親也非常要求她的舉止得體。先天個性與後天教養，禮貌與尊重他人形成了吳旻潔的處事風格，加上喜愛閱讀，培養出能理解不同立場，進而同理的能力。跟吳旻潔常有交集的誠品員工幾乎都會提起她的貼心有禮。

禮貌，是很簡單的道理，卻是許多年輕領導人常忽略的重點，以致讓團隊無法心悅誠服。彼得．杜拉克說：「禮貌是組織的潤滑劑。兩個移動的物體接觸時，必然會產生摩擦，不論人或物體都不例外，這是自然法則。禮貌有時只是簡單說聲請和謝謝、叫得出對方的名字，或是問候對方的家人；有禮貌作潤滑劑，兩個人不論是否互有好感，都可以共事。可惜，聰明人往往不懂這點，聰明的年輕人尤其不懂。」

禮貌基因確實讓吳旻潔獲得團隊認同，協助她在管理與整合上，盡量做到以誠服人。但，父親變成老闆，要求一樣高標準，並不因為是自己的女兒，而有任何「放水」，反而更為嚴格。

細數吳旻潔從二〇〇四年進入誠品擔任吳清友特助開始，所參與的大型專案都是當時誠品沒有做過的，包括松山文創園區ＢＯＴ案、ＲＥＩＴＳ、誠品勤美綠園道顧問管理營運模式、海外展店、誠品生活上櫃、全新店型的誠品松菸店，以及誠品生活蘇州的城市文化綜合體。

二〇〇七年剛升上副總的她要對全公司的主管提出集團整合行銷計畫。開會前，吳旻潔請父親先看過內容，見父親沒表示任何意見，心想應該沒問題了！但是，不等她簡報完，吳清友直接打斷：「這個簡報的品質，連四十分都不到！」她既錯愕又受傷，「那是我升副總的第一天，公司那麼重要的專案，需要老闆支持，重要主管全都來開會，真如同當眾挨了一巴掌。」

還來不及整頓情緒，緊接著，就要跟父親去見某家銀行董事長。準備告辭時，吳清友向那位董事長握手並指向吳旻潔說：「我現在都交給我女兒做主！」語畢，還拍拍吳旻潔的肩膀。經歷上下半場截然不同情境的「震撼教育」，吳旻潔那天一個人跑到附近的公園宣洩委屈，大哭一場。

哭完後，她擦乾眼淚，打定主意要回去跟父親商量，希望日後能在同事面前為她保留顏面，不然難以帶人。忽然，一個念頭閃過：如果換成在其他公司工作，遇到類似的情境，自己會怎麼做？「我不會去找老闆請他改變對我的態度，而是會調整自己，努力到最後一刻，再決定 take it or leave it！」

這個轉念，啟發她用另一種角度去思考職場之道，「我所能決定的是自己面對的心態，把焦點放在如何適應環境，而非要求特權要求環境來符合自己的期待。」

## 扎根與拓展的創作

二〇一〇年後，誠品以「誠品生活」的品牌，建立了台港陸三地的文創平台，循著「小股本、大布局、輕資產、重經營、多人才、求創新、穩現金股利、強成長企圖、發正面能量」的方向發展。吳清友讓吳旻潔負責營運管理，他自己則主要負責思索未來策略與跨產業之作，如誠品行旅和誠品居所。

當年，吳清友創辦誠品時，單純只是認為文化是幸福社會的重要基礎。人文素養的提升，需要時間來涵養，每個時代也要有能夠淬鍊出當代文化創意的精神和靈魂之所在。

若說吳清友對社會的貢獻，其一是他汲取了土地的滋養，創造出能夠親近大眾的多元文化場域，帶動了閱讀是一種生命基底，也讓城市人能夠連結自己的心靈活動。

其二是，吳清友把哲學、建築理論裡的場所精神內化為純民間企業的人文精神，經營的思維是先探索城市，再連結誠品；先師法環境，再連結場所；先思索讀者，再思考行銷，二十八年下來，這樣人文經營思維，已成為誠品團隊的底蘊，扎根於企業文化裡，也是誠品團隊建構與生成文創產業的基因。

「誠品是走在文化創意產業的這條道路上，」吳旻潔說，隨著誠品在不同產業別和地方的經歷，誠品團隊有很多不同體會，也創作出各種不同類型的經營內容，

「誠品有意識選擇、嘗試所經營的範疇與業態，無論是哪一種，都希望與場所精神和空間氣質有關，讓生命有所驚喜、有所選擇。」在吳旻潔的想像裡，誠品希望能成為媒介，讓來到這裡的人們覺得是有希望改變的，「發現在生命或職涯裡，其實能有一些別的選擇。我們希望誠品是一個可以提供這樣靈感的場所。」

從企業的角度來說，吳旻潔的任務顯然跟吳清友不同。

她必須守護著誠品的基本價值，以清晰的邏輯看待過往，引導團隊走向穩健的未來。但，穩健不能只想要守成，事實上，若接班人想要選擇守成，也沒想像中的簡單。

「我到後來才發現，我無法一廂情願，只想維持現有規模。現實會逼得你必須擴展，不進則退，就算我希望維持既定的規模，環境也不允許我們這麼走下去。」因而，帶領誠品團隊拓展市場、尋求新的營運模式，成了吳旻潔的重要任務。

二〇一六年，集團營收超過新台幣一百七十億元，員工人數共有三千多人。吳旻潔很清楚自己接下來的任務目標是為明日開創新局。

誠品生活蘇州開幕後，她仍馬不停蹄，每週都穿梭在台、港、陸三種不同的節奏裡。台灣像如歌行板，香港如活躍快板，大陸是磅礴連奏，她必須讓三地團隊的節奏能夠各自精進，又要有所共鳴，共同創作。

三地市場的營運目標大不相同。台灣是誠品的發源地與品牌總部，肩負品牌創新基地的角色，也是發展最為成熟的市場。四十一家店的營收有一半來自於會員貢獻，因而，更為直達人心、細膩且不黏膩的會員深度經營策略，以及新店型的研發，是台灣團隊努力的新提案方向。

香港是誠品第一個海外市場，從二〇一二年到二〇一六年已展了三家店。吳旻潔研究營運數字後發現，三家店的市場有部分重疊，意即新開出的店會吸納舊店的客源。因而，香港團隊的精進提案是思考如何擴大市場，產生綜效，另一方面，三家店在選品與營運策略上，必須更精準去展現差異化，吸引新的客群。

相較於台灣、香港，大陸蘇州市場的平日與假日來客比差距超乎經驗值。團隊努力的目標之一就是提升平日來客數，以及專注培養設計和文創的市場。融合台港陸三地的創意與資源，持續深耕在地人口，舉辦深度展演活動，打造面向大陸的文創基地。

另外，誠品同時關注台港陸以外的國際市場。近幾年有來自歐美日等企業前來邀約誠品，其中不乏創始百年以上的知名集團。他們希望透過誠品獨具一格的品牌價值——「人文、藝術、創意融入生活」的想像與落實能量，為自身企業與品牌進行創新加值，共同尋找新營運模式、新事業、新市場的各種可能性。

迎向眾多嶄新的可能，誠品團隊如何在不同地域文化中，詮釋誠品精神，進行與時俱進的創作，也是吳旻潔和團隊接續的挑戰。

吳清友與吳旻潔雖是父女，但風格、思考、講話方式截然不同。

如果說吳清友屬於那種天生的磁石，可以吸引很多人跟隨他的信念，高階經理人對他又敬重又信服，年輕同事對這位創辦人多少帶有崇拜。那麼，吳旻潔比較像塊水晶原石，根據情境成分，輝映不同的光芒，她得因應身處情境與同事狀態，扮演不同的角色，這是身為第二代接班人需要的精進之道。

吳清友形容，要辨別會議室內，跟同事開會的是他還是吳旻潔?不用打開門，只要聽到不時傳出一陣笑聲，就知道答案了，「大部分同事跟 Mercy 開會，都會哈哈哈！跟我開會，就比較嚴肅了。」

吳清友說話時，充滿著人文情懷，易受當下情境觸動，不時陷入沉思，凝視遠方，當眼神拉回，才會接續著說出下一段的話語。與他相談，大部分人不自覺會成為聆聽者，隨著他的清亮語調，進入緩述而出的故事裡。雖不常大笑，但能感受他骨子裡是個敦厚溫潤之人，不沉思時，其實妙語如珠，講至興高采烈之處，蘊涵飽滿、豐沛的情感。

吳旻潔說起話來輕輕柔柔的，卻是條理分明，列點陳述。「Mercy 的世代語言就是明確化、目標化、數據化，而且她的個性就是會去 try。」林婉如形容。

學習領導之道的過程，吳旻潔當然也經歷過自己尚屬青澀，輕信他人而判斷失準。從一次次的經驗裡，她領會到絕大多數的人都是脆弱的。

「當你看懂每個人都有自己的關注時，就比較不會陷進去。我覺得輕信他人的另

一面是因為自戀，高估了自己的好，想聽好聽的話，所以才會一頭熱相信，把所有的話當真。」此外，在她的位置，能夠接收各方資訊，看見不同面向，常常必須做一些立意良好，卻沒法子說明顧慮的決策。初期常因為大家無法看懂或被扭曲解讀，而讓她的情緒消化不良，鑽牛角尖。

大學打籃球時，她最好的朋友建議她：「Watch the ball!」她逐漸想通最重要的是上籃得分。「不過，吳先生還要求要姿勢優美。」她特別補充。

現在，她在學習盡力但不強求，「基本上，決策就是目標優先順序的分配，我還是在意大家工作時要有良好的關係。但開心是福氣，可遇不可求。如果不能夠開心，那至少把事情做好。」尤其二〇一三年後，她成了空中飛人，處於與時間賽跑的狀態，她更自覺有所為，有所不為。若還是有消化不良的時候，「我就去逛誠品，把業績灌給誠品。哈哈！」

## 愈是喧囂，愈要看著心

難能可貴的是，她也不會刻意避提自己還有哪些還需要調整、改進的地方。與她談天，可以感覺對面坐著一位喜歡開懷大笑的分享者，慧黠卻不張揚，認真不落窠臼。三十多歲就接下華人文創品牌掌舵手一職，在實際前往各個經緯坐標的航程裡，她遇見不少的風浪、挫折，但這些外境試煉，沒將吳旻潔變得世故老成，反而在她身上，形成一股能「定」的奇異能量——遇到紛擾，她不會讓情境左右心境太久。

誠品在嘗試新營運模式的過程中，經營面向變得更為複雜，需要面對各種未知狀況。有些時候，即使秉持著誠心誠意做好該做的事，仍免不了遇上喧囂。

從她面對松菸文創ＢＯＴ案的輿論事件便可得知。當誠品決定打破沉默，針對那陣子許多不明就裡的臆測、報導與輿論召開記者會。吳旻潔擬了聲明稿，當天親自上陣說明：

「我們認為今天的記者會相當考驗誠品智慧，因為在現在的社會氛圍中，大家都習慣批判指責與感到委屈無奈。誠品不希望自己是以受害者與自憐的心態來面對這件事，相反地，誠品應該要能看見自己的能力與資源，把握機會做可以帶給人們正面能量的事情。全世界對於文創產業都還在探索階段，對誠品而言亦是摸索與挑戰。我們相信誠品經營二十六年以來，是台灣土地滋養出來的品牌，是民眾的集體創作，不僅僅屬於誠品。

「雖然雙方現在具有歧異與難達共識，但是，一旦富邦這樣的企業與誠品這樣的品牌要共同面對外界時，我們應該思考究竟要帶給台灣人民什麼示範？如果連我們這樣的企業都自憐，那還有這麼多微型文創工作者、市井小民與一般上班族又能對企業指望什麼？

「雖然誠品的能力有限，經營文創產業不容易，但我們希望持續堅持耕耘，建立創新的營運模式，善用自己的能力與資源，做出讓台灣民眾有感，且感覺幸福的事。」

愈是喧囂，愈需要一顆堅定而溫暖的心。吳旻潔沒有因為誤會及隨之而來的批判指責，選擇聲嘶力竭的回應。面對不同觀點、誤解角度，她選擇不慍不火的理性對話，「因為我盼望，誠品帶給社會的是正面的訊息、正向的希望。」

人的一生要學的是什麼？

對吳旻潔而言，答案就如她為自己取的英文名字「Mercy」，那時的她還只是個剛考上大學的十八歲女生，卻對「Mercy」所代表的中文意義——慈悲，情有獨鍾。這是她在午夜的敦南誠品翻閱了一本介紹英文名字大全的書，尋到的理想之名。

受母親影響，她珍惜佛法，最欽佩的人是佛陀。她認為人的一生到最後就是學習慈悲，「慈是希望眾生能得到快樂，悲是希望眾生能遠離痛苦，慈悲兩字合起來，就是希望眾生都能離苦得樂之意，它是我尋找的永恆。」

吳清友所說的「成就生命，分享眾生」，用她的話演繹就是「與人為善，分享幸福」。

她也發現自己遇到管理者常會碰到的盲點——為明日開創新局的事都很耗時，而且相對模糊，但因為可以慢一點再做，往往會被眼前的急迫事件占據而拖延。

二〇一七年，她轉變了每週出差大陸的工作習慣，將更多時間與心力放在對未來發展的核心思考。例如，考核主管的績效指標納入育才成效；開發新形態的店型與產品；深化文化創意產業的投入與創業平台……，「每天面對還有這麼多地方可以精進，我的工作其實滿好玩、有趣的！」

《巨流河》作者齊邦媛的手稿有一年在誠品書店展出，有段手寫的文字令她永難忘懷：

「我希望中國的讀書人，無論你讀什麼，能早日養成自己的興趣。一生內心有些倚靠，日久產生沉穩的判斷力。這麼大的國家，這麼多的人，這麼複雜，環環相扣的歷史，再也不要用激情決定國家及個人的命運，並盼培養寬容、悲憫的胸懷。」

當吳旻潔有機會在誠品信義店和齊邦媛會面時，面對著慈祥溫婉的齊老師，她用《巨流河》在誠品永遠陳列、永遠特別的承諾，對這位文壇前輩致敬。這段文字

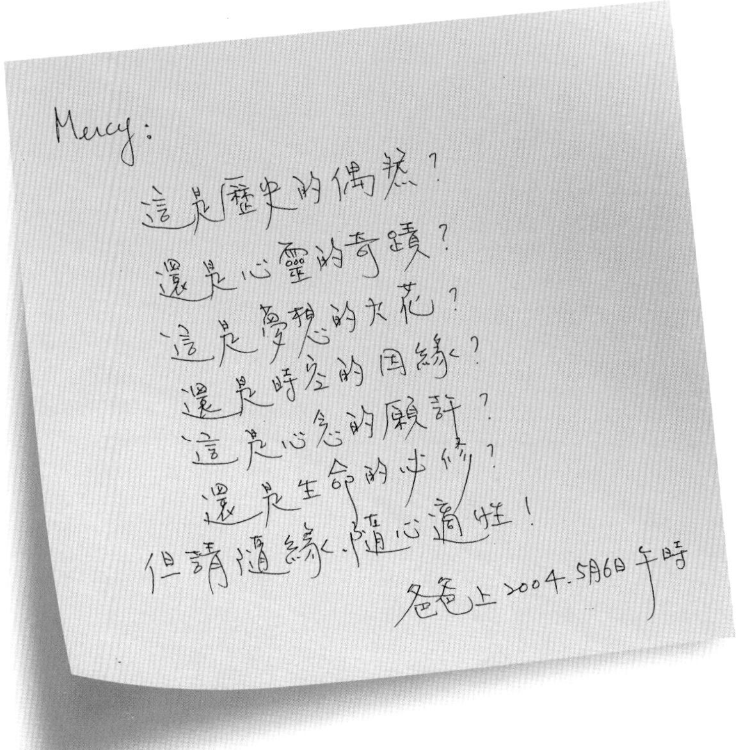
Mercy：
這是歷史的偶然？
還是心靈的奇蹟？
這是夢想的火花？
還是時空的因緣？
這是心念的願許？
還是生命的步伐？
但請隨緣、隨心適性！
爸爸上 2004.5月6日午時

吳旻潔在誠品任職後的第十天，吳清友寫下自己的內心感言。

亦是她迄今為誠品所談的「人文氣質」，所找到最契合的註解。

「沉穩、寬容、悲憫」，是不論哪個時代的領導人皆需具備的，沉穩帶來了定心洞見、寬容帶來了開闊同理、悲憫帶來了人文胸懷。

二〇一七年，吳旻潔三十九歲，吳清友在這個年紀時，創辦誠品。對誠品來說，吳清友的定錨、吳旻潔的傳承，都詮釋了一場生命的探索、一個集體的創作、一種存在的意義，與一個企業的前進。

企業終究得交班。然而，有多少創辦人願意未雨綢繆，放手讓下一代再造未來成長的能量？

# 15 活出自己的光

每天，有許多的生命故事來到誠品眾多場域，像是另一種形式的「延伸閱讀」——誠品員工閱讀著人，也為讀者閱讀，其間的心情故事流傳到位於誠品總部的顧客服務處，積累成真實可親的讀者歷史群像。

有位高醫店讀者在退休後，從事繪畫二十多年，在人生同時失去先生與弟弟兩位親人後，情緒陷入低潮，亦無法再提筆作畫。在誠品高醫店員工的鼓勵之下，不但重拾畫筆，更準備再次於藝廊發表十幅詩畫作品，開幕前，她寫信給誠品：

「與翁靜如小姐因書結緣，她是秀外慧中的好女孩，除了服務態度好，更有一顆悲天憫人的菩薩心腸……。原本萬念俱灰，消極到極點，她給了一首詩《石頭因為悲傷而成為玉》[註1]，讓我能悟出其中道理，失去先生、弟弟是小愛，我要化為大愛，為眾生做有意義的事，感謝貴公司慧眼，有這麼一群很有水準的服務人員，為我們服務。」

詩歌在誠品的場域裡，不僅是被朗讀，還成為療癒人心的話語。

誠品也常會接獲世界各個角落傳來的願望清單，有些是旅人、有些是尋書者、有些是祈願者。

某天，信箱裡捎來了一封標題為「請讓我為自己的希望購書」的信，署名是「山東省一個期盼的女兒」。原來，她是一名研究所學生，教授在課堂上播放媒體訪談吳清友的影片，誠品人文、藝術、創意、生活的經營理念令這名女學生印象深刻，她心想或許誠品可以幫她找到那本尋覓已久的絕版書。

「我父親是一名癌症患者，我們已經保守治療了近兩年的時間。當我通過課堂了解到誠品書店，我忽然覺得誠品也許會幫我，我在誠品官網書店裡找到了這本

**註**1

《石頭因為悲傷而成為玉》是台灣詩人杜十三的作品，全文為：

文字涅槃之後送去火葬場
留下的舍利子是詩
石頭拒絕說話被斧鑽逼迫吐出真言
剖開的滿懷心事是玉
文字是因為歡喜而成為詩
石頭　是因為悲傷而成為玉

書，顯示的是已絕版，我真的非常想買到這本書給爸爸看，希望能給他加油打氣。」

誠品顧客服務處有個「三三三」目標，上班時間接到來信或來電，會盡力於三十分鐘內處理，三小時要回報給相關單位，三天要結案。一接到這封期盼的信，誠品同事在確認公司無庫存後，緊接著聯絡出版社。由於是多年前的書，出版社也無這本書。按理來說，客服程序到這裡就能回信與結案。

但，誠品員工不忍那位女研究生期待落空，上網尋找二手書，真的找到一本舊書，立刻派人買回的同時，回信給那位女學生，跟她說明誠品與出版社雖無庫存，但剛好有位同事家中存有此書，若不介意舊書，願意轉送給她。

「今天上午一個陌生的號碼，一聲您的國際快遞，對於這些天一直在艱難的選擇治療方案的我們來說，真是一個好消息！這是我和我的家人收到最珍貴的快遞，對你們的感激已經遠遠超過這本書的價值。因為有你們的真誠幫助，才讓一件幾乎不可能的事變成了可能；有你們的幫助，我覺得自己不是一個人在戰鬥，謝謝你們，誠品人。真心祝誠品，愈來愈好！」

這次，女學生捎來的信中充滿著對上天眷顧的感激。

五、六年前，有位原本計畫輕生，因進入誠品場域，頓時轉變想法的讀者寄了明信片到誠品，收件人署名吳清友。

「……經過誠品，隨手翻了書，打消念頭。只要讓我東山再起，我會買很多書，送給別人閱讀。感謝您！誠品給了很多人寧靜、無聲的心靈滋潤。

〇〇〇　敬上」

明信片上的字跡端正，藍色原子筆水流洩出的一筆一畫，彷彿見證了主人將生命的紛擾，一點一滴回歸寧靜。多年後，上頭的郵戳依然清晰，可見是如何細心保存著。

「此生只屈服於真理！」

這是一名高中生參加誠品文化藝術基金會的「青年璞玉計畫」，在五天四夜營隊裡，練習預寫自己墓誌銘時所寫下的經典字句。他與在場其他學校的高一生，每個人身上都有著需要與逆境對抗的家庭故事。

生命從來沒有高低，只有差異，「青年璞玉計畫」讓弱勢家庭的孩子在建立人生價值觀關鍵的高中三年，有機會跳脫弱勢背景，吸收正向的經驗，學習探索、思辨與表達自我，培養真正帶著走的人生能力。

誠品文化藝術基金會副執行長米君儒說，透過陪伴，學生有機會改變，也能安心把他們送進未來的社會，營隊活動沒有要學生以誰為標竿，因為每個人都不同。

「這些孩子的人生故事不是一般人能夠承擔的，我們希望他們能學會在紛亂之中，安定自己，不隨波逐流、不汲汲營營，未來成為社會上一股穩定向善的力量。我們也讓這些孩子知道，將來沒有機會說自己很絕望！因為這是一條永遠下去的道路，三年畢業後，在這課堂上的老師、夥伴依然是他們的助力，無論遇到再艱難的事，只要求救，一定會有人幫你！」

是多大的善意，能夠安撫了無生趣的心靈，終結小愛的悲傷化為智慧？是怎樣的熱情，能夠同理素昧平生，為人點燃戰鬥的希望？

是何等的力量，可以讓深陷谷底的意念，回心轉意，認為自己還值得去活出精采？是如何的信念，能夠陪伴與分享，期待一個青年的未來人生，沒有機會去說自己很絕望？

有時，我們只需要那麼一點點的光，就有力量相信，無論如何，生命都能繼續，有勇氣對生命說「是」，前方會是一條正面的轉化道路。令人好奇的是，誠品，這個當代的文化品牌，為何選擇發揮這樣的熱情、力量和信念，期待能為這些身在難處低谷、傷心受困的生命點燃希望之光？

## 成為美好生活的實踐者

答案，也許正是吳清友創辦誠品的緣由，「於我而言，誠品就是對善、愛、美的一種追求。」閱讀誠品，也是閱讀著一群相信著人文、藝術、創意能融入生活的生命個體，他們真心想讓人們的內在升起美好。

在誠品內部，提倡「與人為善、分享幸福，進而成為美好生活的實踐者」服務觀，善愛美的觀念深植於企業文化裡，希望誠品員工體會在誠品不僅是一份工作，而是生命價值的延伸。

每個人對於誠品核心精神——人文、藝術、創意、生活，都因不同的工作屬性，有著屬於自己的演繹。

大學畢業就進誠品工作，曾離開幾年，繞了一圈又回到誠品的場地企畫部資深副理蔡嘉芬說出自己長年的觀察：「不論是在哪個崗位上，我們在做的工作，是把我們眼中的美好，告訴不知道的人，也讓那些美好被人看見。」

負責視聽室、展演廳等場地企劃的她對自己在誠品的工作演繹是：把人文的美好，與藝術的故事，透過創意的方式，引進人們的生活裡。也因為品牌經營的思維，常得把許多自動上門的業主往外推，「很多時候是『不能』的問題！我們尊重誠品這個空間，尊重老闆的浪漫，尊重台灣的集體創作，」她舉例，譬如活動屬性不能太過激進、不能太偏宗教形式、不能有強烈政治立場、不能有不合宜的陳列等，「誠品面對的是眾生百態，我們希望呵護零到一百歲的讀者。」

「我們不會只用數字營利來審視一件事，如果你今天做的提案沒有情感，沒有讓參與的人感受到愛與美好，那是不符合誠品精神的。」誠品生活通路發展事業群資深副理謝依忻說。

在關於領導人與成功品牌的研究，會出現類似思考法則：成功的領導人論證品牌信念，是以核心理念（why）為出發點，向外依照 how、what 的順序思考。知名作家 Simon Sinek 將此法則稱作黃金圈，從裡到外的三個階層，分別是 why、how 與 what。why 代表領導者或品牌的理念和目標，how 是執行理念的方法與過程，what 則代表最終呈現出的產品以及領導風格。

也許，可以這麼說，「善、愛、美」恰好構成誠品人的正向思考圈，善是 why，是誠品與人為善的正面能量；愛是 how，是誠品展現文化力量，分享幸福的方法；美是 what，是誠品創造心情品質、心靈氣質、生活素質的多元場域。

「善、愛、美」的正向思考激勵生命活出自己的光！因為善，誠品人可以同理失望、傷痛，讓畫家重拾畫筆，幫女學生尋得協助父親的書；因為愛，誠品人願意承諾、陪伴，透過閱讀、文化活動，為社會耕耘青年的未來力量；因為美，誠品的場域讓原本頽圮的靈魂重新發現曙光，決定東山再起。

這也是誠品經營的心意，雖然要面對實體的產業經營、實質的商業世界，明日也愈益挑戰，吳清友說，誠品在實務經營上仍有許多的不完美，在服務、專業、空間……等層面還有很多細節需要更努力、精進，「但誠品的心念與理念是不會改變的，我們把心定錨在核心價值，若不如此，公司的成長有時就容易偏掉，當在講品牌、企業經營，最難的是選擇何者不能做！有些事做了會賺錢，卻偏離核心價值，就要有那個信念與勇氣堅持不做。」

## 誠品是什麼？

最後，我們想問：誠品是什麼？

也許藉者「善愛美的正向思考圈」可以發現不同的答案。有人說她是當代文創平台代表，有人說她是華人文化品牌之光，有人對於她的營運模式發展辯證，有人期許她可以肩負更多公共責任……，誠品團隊則希望，她是安頓人們靜思，甚至

## 善愛美的正向思考圈

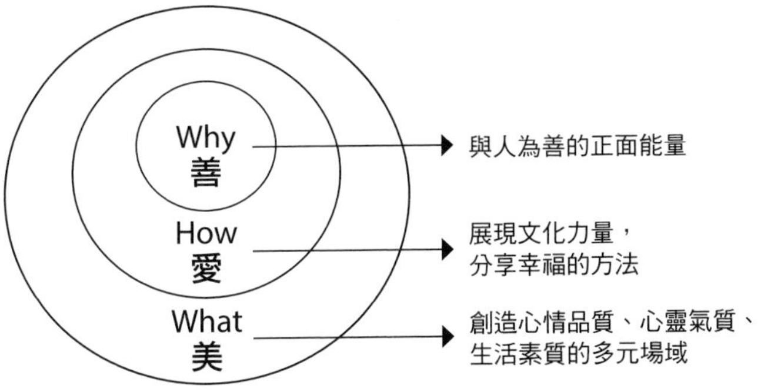
Why
善
與人為善的正面能量
How
愛
展現文化力量，
分享幸福的方法
What
美
創造心情品質、心靈氣質、
生活素質的多元場域

得以轉換自我生命的現場。

誠品的誕生源於吳清友當年自問「生命將何去何從」開始，他用創辦誠品來呼應生命的「自問」，展開了一場心念與信念之旅，親身體驗至今。如果誠品也是一個生命體，在誠品團隊的想像裡，她的存在意義應該是慷慨的、和諧的、寧靜的、具備轉化力量的。就如那位讀者形容，誠品給了很多人寧靜、無聲的心靈滋潤，人們悠然於她的時光。

誠品團隊相信，生命是自己的創作，閱讀不只是閱讀，它提醒著要有時間思考，不一定總讀到真理，而是讀到自己，帶來影響、選擇價值，進而改變命運。人先從認識自己、了解自己開始，釐清自己的存在與價值觀，就有自由去選擇所愛。

「我們的能力並不傑出，所做的不過就是更靠近自己一點，能更了解自己一點，所有的這些，都只是在探尋自己的內心！」吳清友分享一位西方建築評論家的哲語：「真正知道一個理念，至少要花費二十年的時間；親身體驗而深信不悔，則需要三十年的光陰；能夠隨心所欲的應用，得至少投注五十年的生命來印證。」生命，因有了可探索一生的心念，終將透現光彩。

誠品的故事仍將繼續，一座座城市的文創生活輝映成光。
閱讀，創作，生活；
沉潛，奮起，注視啊！
無數青春的生命、美麗的靈魂，
都曾穿越誠品時光，都正在或明或暗之處，
熠熠發光！

國家圖書館出版品預行編目（CIP）資料

誠品時光／林靜宜著. -- 第一版. -- 台北市：
遠見天下文化, 2017.07
面；　公分. --（文化文創；BCC023）
ISBN 978-986-479-265-8（平裝）

1. 誠品書店　2. 書業　3. 文集

487.633　　106011286

文化文創 BCC023

# 誠品時光

作者 — 林靜宜

事業群發行人／CEO／總編輯 — 王力行
副總編輯暨責任編輯 — 周思芸
特約校對 — 魏秋綢
美術設計 — 三人制創
封面設計 — 誠品
圖片提供 — 誠品；P.51 吳光庭攝影；P.99 徐明松；P.237 元崇設計；P.249 天下雜誌黃明堂攝影

出版者 — 遠見天下文化出版股份有限公司
創辦人 — 高希均、王力行
遠見・天下文化・事業群 董事長 — 高希均
事業群發行人／CEO — 王力行
天下文化社長／總經理 — 林天來
國際事務開發部兼版權中心總監 — 潘欣
法律顧問 — 理律法律事務所陳長文律師
著作權顧問 — 魏啟翔律師
地址 — 台北市 104 松江路 93 巷 1 號 2 樓

讀者服務專線 — (02) 2662-0012 ｜傳真 — (02) 2662-0007；(02) 2662-0009
電子郵件信箱 — cwpc@cwgv.com.tw
直接郵撥帳號 — 1326703-6 號 遠見天下文化出版股份有限公司

內頁排版 — 張靜怡、楊仕堯
製版廠 — 東豪印刷事業有限公司
印刷廠 — 祥峰印刷事業有限公司
裝訂廠 — 聿成裝訂股份有限公司
登記證 — 局版台業字第 2517 號
總經銷 — 大和書報圖書股份有限公司 電話／ (02) 8990-2588
出版日期 — 2017/07/17 第一版
2019/01/30 第一版第 7 次印行

定價 — NT 450 元
ISBN — 978-986-479-265-8
書號 — BCC023
天下文化官網 — bookzone.cwgv.com.tw